共生的智慧，
鍛鍊應變力×善用時間×注重細節，
從11個面向深入剖析，每個人都擁有無限潛力

隱藏優勢

♕

合作中的
競爭法則

HIDDEN
ADVANTAGES

崔英勝 —— 著

總覺得自己做什麼都不適合，常常每份工作都做不久？這絕對不是因為你太廢，
只是你還沒找到專屬「隱藏優勢」！

你的團隊精神有多少？你的辦事效率有多高？你是否善於表現自己？
你是否具備職場應變能力和危機意識？你是否足夠善解人意？別人怎麼看待你的形象……

本書揮別長篇大論的道理，
透過十幾種有趣的小測驗和精闢分析幫助你調整自己！

目錄

前言

第一章
獨自一人無法走遠路

每個人都是大陸的一部分 ⋯⋯⋯⋯⋯⋯⋯⋯⋯⋯ 014

全世界公司都在思考的問題：1＋1＝？ ⋯⋯⋯ 017

撇捺適當才會寫好「人」字 ⋯⋯⋯⋯⋯⋯⋯⋯⋯ 020

取長補短方能共生 ⋯⋯⋯⋯⋯⋯⋯⋯⋯⋯⋯⋯⋯ 023

不是你的主場，請為隊友加油 ⋯⋯⋯⋯⋯⋯⋯⋯ 027

一滴水放入大海才不會乾涸 ⋯⋯⋯⋯⋯⋯⋯⋯⋯ 030

※ 職場便利貼 —— 測試你是否有團隊精神 ⋯⋯⋯ 032

第二章
以百米賽的速度狂奔

弱者等待時機，強者創造時機 ⋯⋯⋯⋯⋯⋯⋯⋯ 036

熱情是工作的車輪飛速前進的燃料 ⋯⋯⋯⋯⋯⋯ 039

凡事等明天，將失去美好的未來 ⋯⋯⋯⋯⋯⋯⋯ 042

永遠走在時間的前面 ⋯⋯⋯⋯⋯⋯⋯⋯⋯⋯⋯⋯ 045

達到「最」的只能有一個 ⋯⋯⋯⋯⋯⋯⋯⋯⋯⋯ 048

這個世界不缺空想家 ⋯⋯⋯⋯⋯⋯⋯⋯⋯⋯⋯⋯ 050

目錄

治好自己的拖延病 ………………………………… 052

※ 職場便利貼 —— 測試你的辦事效率 …………… 055

第三章
勤奮工作的彼岸是美好人生

工作：一個關乎生命的問題 ……………………… 058

厭惡工作，你將一生服苦役 ……………………… 061

認真工作是真正的聰明 …………………………… 064

把工作做到最完美 ………………………………… 067

敬業不是一時興起 ………………………………… 069

全世界老闆都愛最勤奮的職員 …………………… 071

※ 職場便利貼 —— 測試你的敬業程度 …………… 074

第四章
忠誠是一種美德，更是一種風骨

忠誠不是交換的籌碼 ……………………………… 080

忠誠於公司就是忠誠於自己 ……………………… 083

你也在時時刻刻為自己盤算嗎？ ………………… 086

拜老闆為老師 ……………………………………… 089

承擔分外工作是在給成長交學費 ………………… 091

守住公司的祕密 …………………………………… 094

協助船長，同舟共濟 ……………………………… 097

※ 職場便利貼 —— 測試你對公司的忠誠度 ……… 100

第五章
聰明的人爭取一切表現自我的可能

別把自己埋在自卑的泥土裡 ································ 104

為自己吹響號角 ··· 108

自我表現需要攜帶謙虛的尺 ···························· 111

勇於舉手發言才能加重關注 ···························· 113

你的思想決定你的命運 ································· 116

把自己打造成焦點人物 ································· 119

※ 職場便利貼 —— 你是否善於表現自己 ············· 122

第六章
應變力提升工作力

緊要關頭，只有冷靜救得了你 ························· 126

換一種思路覓得另一種出路 ···························· 129

墨守成規的人終會絆倒自己 ···························· 132

漂亮收拾好「爛攤子」 ································· 135

人際角鬥智者勝 ··· 138

發現眼色背後的行事祕密 ······························ 141

※ 職場便利貼 —— 你是否具備職場應變能力和危機意識 144

目錄

第七章
擔起責任是不停前進人的成功財富

公司裡沒有「他們」，只有「我們」⋯⋯⋯⋯⋯⋯⋯⋯148

公司不流行「我可能不行」的口頭禪⋯⋯⋯⋯⋯⋯⋯151

對老闆的正確態度：寬容、諒解和幫助⋯⋯⋯⋯⋯⋯154

「受僱者」永遠看不到燦爛的明天⋯⋯⋯⋯⋯⋯⋯⋯158

將職業當成一門事業⋯⋯⋯⋯⋯⋯⋯⋯⋯⋯⋯⋯⋯161

在公司演戲的傢伙，不會有鐵桿的觀眾⋯⋯⋯⋯⋯⋯164

※ 職場便利貼 —— 測試你的工作態度⋯⋯⋯⋯⋯⋯167

第八章
答案藏於你腳踏實地工作的細節中

公司對不踏實工作的員工總會非常小心⋯⋯⋯⋯⋯⋯170

以自然的方式表現出你的才能⋯⋯⋯⋯⋯⋯⋯⋯⋯⋯174

努力工作的人不會懷才不遇⋯⋯⋯⋯⋯⋯⋯⋯⋯⋯⋯178

出色的工作產生於「完美主義」⋯⋯⋯⋯⋯⋯⋯⋯⋯180

沒有目標的飛行必將迷航⋯⋯⋯⋯⋯⋯⋯⋯⋯⋯⋯⋯183

成功取決於每個 1% 的努力⋯⋯⋯⋯⋯⋯⋯⋯⋯⋯⋯186

上天眷顧那些勤奮努力的人⋯⋯⋯⋯⋯⋯⋯⋯⋯⋯⋯189

※ 職場便利貼 —— 你是否能腳踏實地地工作⋯⋯⋯192

第九章
善解人意的人會吸引到更重要的人

成人之美，讓你看上去更美 ⋯⋯⋯⋯⋯⋯⋯⋯ 196

說好一句話抵過千言萬語的重複嘮叨 ⋯⋯⋯ 199

寬容之心化解矛盾之爭 ⋯⋯⋯⋯⋯⋯⋯⋯⋯ 203

主動擁抱你的對手 ⋯⋯⋯⋯⋯⋯⋯⋯⋯⋯⋯ 205

好印象勝過好形象 ⋯⋯⋯⋯⋯⋯⋯⋯⋯⋯⋯ 208

聰明地和 3 種小人過招 ⋯⋯⋯⋯⋯⋯⋯⋯⋯ 211

※ 職場便利貼 —— 測試你是否善解人意 ⋯⋯ 214

第十章
時間就是力量：抓緊今天這一天

珍惜與人相處的每一秒 ⋯⋯⋯⋯⋯⋯⋯⋯⋯ 218

經常看時間並合理分配時間 ⋯⋯⋯⋯⋯⋯⋯ 220

守時的公雞從不拖延鳴叫 ⋯⋯⋯⋯⋯⋯⋯⋯ 222

你的工作可能毀於沒有條理 ⋯⋯⋯⋯⋯⋯⋯ 225

最重要的事情排第一 ⋯⋯⋯⋯⋯⋯⋯⋯⋯⋯ 229

休息，是為更好工作 ⋯⋯⋯⋯⋯⋯⋯⋯⋯⋯ 232

※ 職場便利貼 —— 你是否具有時間觀念 ⋯⋯ 235

目錄

第十一章
穿出價值百萬的職業形象

你的形象價值百萬 ················· 238

讓全世界認同你的著裝 ················· 241

氣質：你的另一個形象代言人 ················· 244

讓別人品嘗你笑容的味道 ················· 248

西裝、襯衫和領帶助你擁有意外收穫 ················· 251

※ 職場便利貼 ── 你的形象值多少分？ ················· 254

尾言

前言

假如，我們能夠活到 100 歲。前 5 年，我們在懵懂中度過；接著 15 年我們在學校度過，當然如果你要考研究所的話，就不止 15 年了；再接下來，就是長達 40 年的職場生涯。

40 年說長不長，說短不短，卻是我們人生中經歷最長，所占比例最大的一部分。也是一個人由幼稚走向成熟的過程，這 40 年是我們成長的 40 年。在這 40 年中，我們唯一要做的一件事就是努力工作。

美國第十六任總統亞伯拉罕·林肯同父異母的弟弟詹斯頓曾向他借錢。林肯沒有立即借給他，而是回了一封信給他，信的內容是這樣的：

親愛的詹斯頓：

我想現在不能答應你要 80 元的要求。每次我給你一點幫助，你就對我說，「我們現在可以相處得很好了。」但沒有多久我發現你又沒錢了。你之所以這樣，是因為你的行為上有缺點。這個缺點是什麼，我想你是知道的。你不懶，但你畢竟是一個遊手好閒的人。我懷疑自從上次見到你後，你有沒有好好勞動一整天。你並不完全討厭勞動，但你不肯多做。這僅僅是因為你覺得從勞動中得不到什麼東西。

這種無所事事浪費時間的習慣正是整個困難之所在。這對你是有害的，對你的孩子們也是不利的。你必須改掉這個習慣。孩子們還有更長的生活道路，養成良好的習慣對他們更重要。他們從一開始就保持勤勞，這要比他們從懶惰習慣中改正過來容易。

　　現在你需要一些現金用，我的建議是，你應該去勞動，全力以赴賺取報酬。讓父親和孩子們照顧你家裡的事 —— 備種、耕作。你去做事，盡可能多賺一些錢，還清你欠的債。為了保證你的勞動有一個合理的優厚報酬，我答應從今天起到明年 5 月 1 日，你用自己的勞動每賺 1 塊錢或抵消 1 塊錢的債務，我願意另外再給你 1 元。

　　這樣，如果你每月做工賺 10 元，就能從我這裡再得到 10 元，那麼你做工一個月就淨賺 20 元了。你可以明白，我並不是要你到聖路易斯或是去加利福尼亞的鉛礦、金礦去；我就是要你在家鄉卡斯鎮附近做你能找到的待遇最優厚的工作。

　　如果你願意這樣做，不久後你就會還清債務，而且你會養成一個不再負債的好習慣，這豈不是更好？反之，如果我現在幫你還清了債，你明年又會照舊背上一大筆債。你說你可以為 70、80 塊錢放棄你在天堂的位置，那麼你把你天堂裡位置的價值看得太不值錢了，因為我相信如果你接受我的建議，工作四、五個星期就能得到 70、80 元。你說如果我把錢借給你，你就把土地抵押給我，如果你還不了錢，就把土地的所有權交給我。

　　簡直是胡說！如果你現在有土地還活不下去，那你沒有土地的時候又怎麼活呢？你一直對我很好，我也並不想對你刻薄；相反，如果你接受我的忠告，你會發現它對你比 640 元還有價值。

你的哥哥
亞伯拉罕‧林肯

努力工作！沒錯，這就是偉大的美國總統林肯告訴給他弟弟的最好忠告。身為一個總統，可以有很多便利條件提供給這個弟弟，但是他沒有，而是把我們平常人看似最簡單的生存法則告訴給了這位弟弟。那麼，剛入職場的我們，是否更應該接受這樣的忠告，努力去工作呢？

　　本書總結了 11 條職場成功人士必備的生存法則，掌握了它們，你就等於發現或重新發現你的職場生存優勢，有了這些看似簡單的工作法則，努力做好本職工作，一定會在激烈的職場競爭中立於不敗之地。

第一章
獨自一人無法走遠路

　　作為職場個人，能否快速融入團隊，結合自身的特長與其他成員共同完成集體目標，這對初入職場你來說，就顯得尤為重要。因此本書的第一章就是檢驗與發現你是否具備與團隊合作的優勢。

■ 每個人都是大陸的一部分

美國詩人約翰·多恩有一首詩：

「誰都不是一座孤島，可以自成一體，每個人都是那廣闊大陸的一部分。任何人的死亡，使我受到損失，因為我孕育在人類之中。所以別去打聽喪鐘為誰而鳴，它為你敲響。」

是的，每個人都不是一座孤島。在我們工作的時候，我們是身處於一個集體當中，這就要求我們不能把自己看作是孤立的一員，因為在這個集體中的每一員都是相互連繫的。我曾聽說過這樣一件事。

在一個農場中，主人的糧食經常被老鼠偷吃，氣憤至極的主人買了一個老鼠夾子，準備給老鼠一點顏色看看。主人放置老鼠夾的時候，被老鼠看到了。老鼠想：「我看到了，可是其他的動物沒有看到，萬一夾到牠們怎麼辦？」

於是，老鼠來到了雞窩旁，把這件事告訴了母雞，母雞聽了若無其事地說：「這和我有關係嗎？」老鼠還想說什麼，母雞已經不耐煩地走進窩裡去下蛋了。

老鼠又去告訴肥豬，肥豬聽了後，說：「親愛的老鼠，我會為你禱告的。」說完就低下頭吃起食物來。

最後，老鼠又去告訴黃牛，黃牛聽了不屑地說道：「簡直是個笑話，你聽說過老鼠夾子夾到過牛的一根寒毛嗎？」

老鼠的好心，沒有換來動物們的好報，牠只好默默地走回自己的洞

中。結果當天晚上，一條毒蛇潛入了農場裡，不小心被老鼠夾子夾到了尾巴，主人起來查看時，腿被蛇咬了一口。為了養傷，主人就把母雞燉了補身子；聽說主人病了，鄰居們紛紛來探望，好客的主人就殺了肥豬招待客人；因為昂貴的醫療費，主人最後把老牛賣給了屠宰場。

　　道理很簡單：我們每一個人都不是一個個體，生活就像一張網，把我們每個人都囊括其中。生活中如此，職場中亦如此。沒有一樣工作是自己可以獨立完成的，售貨員沒有供應商就沒有貨源賣給顧客；作家沒有人給他提供素材就無法完成一部作品；老闆沒有員工的支持就無法使公司正常的運作下去……所以身在職場中，不能把自己當作一座孤島，否則你將什麼也做不成。就好像我們的五根手指頭，不管是其中的那一根都無法抓起一把散沙，只有五根手指一起用力，才能將散沙抓起。

　　在團隊中，你還要注意培養與同事之間的感情，多和同事分享對工作的看法，多聽取和接受他人的意見，要跟每一位同事都保持友好的關係，如果你把自己孤立起來，那是一件很危險的事。

　　很多年輕人在職場中普遍都表現出自負和自傲，他們在融入工作環境方面顯得緩慢和困難。他們缺乏團隊合作精神，專案都是自己單獨去做，不願和同事一起想辦法，最後導致每個人都做出不同的結果，最後對公司一點用都沒有。這樣的人同事們也很難接納他，漸漸地他就成為了公司中的孤家寡人。

　　我工作的公司中，有一個能力很強的員工，在和客戶的談判中表現突出，為公司創造了良好的效益，受到了經理的高度讚揚。這使他更加認識了自己的價值，經理的讚賞使他覺得自己非同一般。於是在日常工作中，他開始不和其他同事交流、溝通，一副自高自大、目中無人的樣子，在公司裡獨來獨往。

● 獨自一人無法走遠路

這位員工的態度使得同事們漸漸疏離了他，都不願意與他合作。於是，他成了被孤立的人，在許多事情上都陷入了極其尷尬的境地。在一次業務辦理中，由於他判斷失誤給公司造成了不小的損失。同事的譏笑、經理的惱怒，使他無法再繼續待下去，他很不體面地自行辭職離開了公司。

在專業分工越來越細，競爭日益激烈的今天，靠一個人的力量是無法面對千頭萬緒的工作的。一個人可以憑著自己的能力取得一定的成就，但是如果把你的能力與別人的能力結合起來，就會取得更大的令人意想不到的成就。

做一個職場中的聰明人，融入你的團隊，成為團隊中不可或缺的一員，而不是一個孤傲的被拋棄者。當你取得成績，擁有榮譽時，應該戒驕戒躁。保持清醒的頭腦才能與同事相互支持、幫助，以鞏固已得的一切，因為人不可能孤立地存在於任何地方。

融入是一種雙方的相互認可、相互接納，並形成行為方式上的互補互動性和協調一致性。自制力強、感悟力好的人，融入得自然和諧、合乎情理，被群體接受的程度就高，因此就可能會獲得更多的發展條件和機遇。作為具有獨立個性的你，在團隊這個大家庭裡必須融入群體中去，才能促進自身發展。

【職場點兵】

假如你是一座島嶼，如果你不能使自己成為大陸的一部分，那麼你永遠無法成為最堅固的島嶼。現代社會，單槍匹馬難取得成功的，只有形成合力才能闖出一片天。

■ 全世界公司都在思考的問題：1＋1＝？

　　如果去問小學生 1 加 1 等於幾，他肯定會毫不猶豫告訴你等於 2。這在數學中是不能改變的真理；可是當把 1＋1 的模式運用到職場中時，就不再是簡單的等於 2 了，也許會大於 2，也許會小於 2，關鍵就在於你們的團隊是怎樣合作的了。

　　有一首童謠是這樣的：一個和尚挑水喝，兩個和尚抬水喝，三個和尚沒水喝。按理說，人越多，水越多，可是為什麼人多了反而沒水喝了呢？漫步海邊，如果你仔細觀察，你會發現這樣一個有趣的現象：

　　幾隻螃蟹從海裡游向岸邊。這時，其中一隻螃蟹也許是厭倦了海裡，想爬到岸上體驗一下陸地上的生活。只見牠努力往堤岸上爬，可是無論多麼用力，怎樣執著，怎麼堅毅，卻始終爬不到岸上去。或許你會認為這隻螃蟹太笨了，事實上卻不是這樣，而是因為其餘螃蟹不允許牠爬上去。每當螃蟹中有一隻妄想離開同伴獨自爬出水面時，其他的螃蟹就會爭相拖住牠的後腿，重新拖回到海裡。

　　螃蟹代表了職場中的一類人，他們自己不求上進，害怕競爭，一旦看到同事超越了自己，就千方百計拆臺，竭盡全力從中阻撓。他們從不想自己怎樣努力去做好，卻總是想著怎樣去拖累別人，抱著「我不好，你也別想好」的心態與其他人合作。

　　在這樣的團隊的中 1＋1 的結果就是小於 2。如果你不能協調的與他

● 獨自一人無法走遠路

人合作，那麼就無法使你們的團隊順利完成工作。相對於螃蟹來說，螞蟻雖然身體小，但是他們團體合作的精神卻是驚人的。

在南美洲的草原上，天氣酷熱，山坡上的草叢突然起火，無數螞蟻被熊熊大火逼得節節後退，火的包圍圈越來越小，漸漸地，螞蟻似乎無路可走。然而，就在這時出人意料的事發生了：螞蟻們迅速聚攏起來，緊緊地抱成一團，很快就滾成一個漆黑的大蟻球，蟻球滾動著衝向火海。儘管蟻球很快就被燒成了火球，在劈劈啪啪的響聲中，一些居於火球周邊的螞蟻被燒死了，但更多的螞蟻卻絕處逢生。

從外觀上，螃蟹要比螞蟻大很多，同理，一群螃蟹肯定也要比一群螞蟻力量大。但事情的結果卻是螞蟻比螃蟹強大。這不得不讓人深思，在職場中，我們怎樣做，才能讓 1 ＋ 1 的威力大於 2 呢？這個問題在著名的微軟公司也曾碰到過。

在微軟公司中，高能力的員工比比皆是，每個人都雄心勃勃地發展自己的目標，能夠在公司中努力是件好事，可是卻為微軟公司帶來了問題。比爾蓋茲深知公司前進的道路並不平坦，這樣下去，公司不但不能前進，反而會後退。當即，比爾蓋茲把員工分成了若干個 200 人組成的小團隊，並且對每一個團隊都加強訓練，上至高層管理，下至基層員工，最後使每一支團隊都成為了無堅不推的優秀團隊。

在實際工作中，有的任務很簡單，一個人就可以完成。可是在大部分的時候，工作都是需要一個團隊的合作才能完成，有時候甚至需要上百個、上千個具有不同背景、不同技術的工作者來完成。

　　這個時候，你僅僅是做好本職工作是不行的，如果團隊失敗了，那麼團隊成員本身是不是一個優秀獨立的工作者又有什麼意義呢？ 所以作為一個優秀的員工應該意識到與他人協調合作的重要性，這樣團隊的力量才能發揮到最大，才能令 1＋1 大於 2 成為可能。

【職場點兵】

　　也許你不想也不能成為佼佼者，但至少不要成為團隊的絆腳石，哪怕成為一直普通的螞蟻，也能增強整個團隊的力量。

■ 撇捺適當才會寫好「人」字

在工作中是少不了競爭的，競爭是一個人價值的展現，但是一定要分清楚自己的競爭對象。在一個團隊中，如果你與自己的隊友競爭，結果只能是破壞了團隊的團結。競爭雖然能讓一個人的實力發揮到極致，但是隨之而來將是團隊的失敗。

只有團員的相互扶持，才是實現團隊價值的途徑。競爭是為了爭奪誰最強，而扶持則是相互學習，共同進步。在一個團隊中需要的更多的是團員之間的相互扶持，而不是個人之間的競爭。

舉個簡單的例子。

一對兄弟，哥哥個子高，但是力氣小，能背 50 斤的金子。弟弟個子矮，但是力氣大，能背 100 斤的金子。他們共同背著 150 斤的金子回家。路上被一堵高牆擋住了回家的路。

現在有三種選擇：

第一，哥哥自己翻牆過去，但是剩下的力氣只夠背 30 斤的金子。然後哥哥自己背著金子回家。而弟弟只能一無所有的回家。

第二，哥哥和弟弟各自背著金子翻牆，結果都沒翻過去。於是兄弟二人誰也沒得到金子。

第三，弟弟先用自己的力量把哥哥推到牆頭上，然後哥哥坐在牆頭上把弟弟拉上牆，然後兄弟倆一人背 100 斤，一人背 50 斤回家。

在現實中，面對強大的利益誘惑，人們往往會忽略到合作能給自己帶

來更大的利益。假如哥哥利用自己的身高優勢翻過牆去，自己背著金子回家，這場競爭中哥哥就是贏家，因為他給自己的家庭帶來了利益；而弟弟是個失敗者。

第二種情況，兄弟二人都不信任對方，都想靠競爭來證明自己的實力，出現了「人為財死鳥為食亡」的場面，更不要說是兄弟手足情深了，結果必定是兩敗俱傷。

顯然只有第三種情況是最好的，兄弟兩個人為了共同的利益，相互扶持，不但給自己的家庭來了利益，更增進了兄弟之間的情誼。

有競爭固然是好的，有競爭才會有進步。但是如果你們同處在一個集體中，那就要盡量避免競爭，否則只會削弱你們整體的力量。在一個團隊中，扶持也許會磨滅個人的價值，但是卻能收穫更大的利益，在相互扶持下，只有團隊沒有個人。

工作中難免會遇到一些難題，碰到一些困難，甚至是出現一些錯誤的地方。這時候你會怎麼樣做呢？是事不關己的高高掛起呢？還是和大家一起想辦法來解決呢？在大部分的回答者中，都會選擇後者，職場如戰場，多一事不如少一事。這不失為一種自保的方法，畢竟一份稱心的工作的確來之不易。

當事情換一種假設，假如在工作中你和你的同事共同取得了很大的成就，那麼你是搶著領功呢？還是謙虛地說自己沒出多少力呢？此刻，大部分的回答者中，都會選擇前者，畢竟這成功裡面自己也出了一份力。

這是我們人性中的自私在作怪。如果我們能明白團隊中更多的是需要相濡以沫，而不是相互競爭，那麼大多數的人的選擇都會換個方向。在這一方面讓我們再次向螞蟻學習，這個人類眼中最渺小的動物，看看牠們是怎樣用自己的行動來給人們以啟示的。

● 獨自一人無法走遠路

　　一場洪水使一座村莊變成了一片汪洋大海。

　　清晨，三三兩兩受災的人們站在堤岸上，無奈地凝望著被水沖毀的家園。這時，忽然有人喊道：「看，那是什麼？」只見一個黑球，正順著波浪漂過來，一沉一浮，像是一個人！有人趕忙跳下水，很快便靠近了那個黑球，但見他只停了一下，就掉頭往回游，轉瞬便上了岸。「一個『蟻球』。」那個人說。「蟻球？」人們不解。

　　說話間，蟻球正漂過來，越來越近，原來是一個足球大小的蟻球！黑乎乎的螞蟻緊緊抱在一起。風浪波湧，不斷有一些螞蟻被波浪打掉，像鐵器上的油漆片而剝離而去。人們看得目瞪口呆。

　　蟻球靠岸了。螞蟻一層一層散開，像打開的登陸艇。然後迅速而秩序地一排排沖上堤岸，勝利登陸。岸邊的水中，仍留下一團小的蟻球，那是英勇的犧牲者。牠們再也爬不上來了，但牠們的屍體，仍然緊緊地抱在一起。

　　如果在洪水來臨之際，螞蟻各自逃命，恐怕最後一隻也不能倖存。正是螞蟻這種相濡以沫的精神，讓牠們倖存下來大部分的同類。任何一個人要成功，就一定要有一個組織，一個團隊來共同達成目標。而身在其中的你，一定要與身邊的同事相濡以沫，同進同退，你才能體會到集體成功帶來的成就感。

【職場點兵】

　　人字就一撇一捺，撇是自己，捺是別人，這代表著人要相互扶持，相互支持。多把自己撇開一點，多為別人捺多一點，你才會立得穩，立得住。

■ 取長補短方能共生

　　一個團隊中，每個人的能力都各有千秋。不能說誰的能力一定就高於誰的，情況不確定，每個人的能力也不能界定。關鍵在於，團隊裡的每個成員是如何配合，只有取長補短，才能齊頭並進。

　　眾所周知的「木桶效應」，就是說一隻木桶能盛多少水，取決於木桶上最短的那塊木板。所以想要盛更多的水，就要把木桶的邊緣補齊，否則，永遠不可能盛最多的水。這就需要身在職場中的你，能夠吸取他人的長處，彌補自己的不足之處，切不可因為自己有過人的長處，就自以為是。自古至今，因為自以為是吃虧的人，並不在少數。

　　一個人中了武狀元回家，途中一條河擋住了他的去路。這時候他看到河邊有一個船工，就出錢僱了船工載他過河。船工聽說他是當今的武狀元，欽佩之情猶然而升。

　　船離開岸後，武狀元看到撐船用的竹篙，便問船工：「你會吹射箭嗎？」「我哪會射箭，只會擺弄撐船的竹篙。」船工笑呵呵地說道。

　　「連箭都不會射，你的人生就失去了百分之十的意義。」武狀元用一種戲謔的口氣說道。

　　這時，武狀元又看到了船上的纜繩，他又問道：「你會騎馬嗎？」「也不會。」船工乾脆地回答道。

　　「騎馬也不會，那你的生命就失去了百分之二十的意義。」武狀元用輕蔑的語氣說道。船工聽出了武狀元是在故意戲弄他，方才對武狀元的好

感便消失了，於是自己不再做聲。

　　船到河中央時，忽然大雨滂沱而至，狂風呼嘯而來，河水頓時間捲起了千層浪，眼看船就要翻了。武狀元嚇得面如土色。只聽船工問道：「你會游泳嗎？」「不會。」武狀元驚慌失措得回答道。「那你的生命就失去百分之百的意義了。」船工用一種愛莫能助、萬般無奈的語氣說道。

　　職場中，一個人本事再大，能力也有限；一個人能力再不濟，也有過人之處，就好比是武狀元和船工之間的對比。社會的發展讓個體的分工越來越細緻，沒有誰是萬能的，可以把所有的工作都做到得心應手。取長補短，可以讓我們在一個職場裡和別人進行溝通和交流，切磋和學習，以達到把工作做到最佳效果的目的。

　　很多人都說，在職場中沒有永遠的朋友，但是我身邊的一個例子向人們證明了，職場中一樣可以擁有友情。

　　最初的時候，張寧和佳欣兩人並不熟，後來她們在工作的過程中發現雙方可以能力互補後，才建立起不同一般的同事關係。

　　她們兩個人同時在一家廣告設計公司工作，張寧負責文案企劃，佳欣負責圖片設計製作。剛開始的時候，她們各自負責不同客戶的廣告設計，不久設計總監就發現她們設計作品的思維和風格有明顯的缺陷。佳欣在繪圖能力和電腦操作能力方面比較突出，但是創意方面略顯平常；而張寧卻剛好相反，創意和整體企劃都不錯，但在繪圖方面的表現力始終有所欠缺。

　　很多次把她們各自設計的圖稿修改了很多遍也不能讓客戶滿意，後來設計總監無意中在對兩個人的設計進行比較後發現兩者居然有互補的傾向。於是，試著讓張寧和佳欣對同一個客戶資料相互溝通，並且合作完成

同個產品的設計方案。

兩個人接到總監的指示，在統一了大方向之後，就由張寧負責整個廣告方面的文案和企劃，佳欣則進行繪圖方式的表達，這樣設計出來的作品結合了兩個人的優勢，創意獨特，讓人耳目一新，幾乎沒改動就通過了。

透過那一次的合作，她們之間的合作越來越多，並且默契度越來越好，兩個人因為出色的工作表現成了公司的知名設計組合，同時也為公司贏得了越來越多的客戶。

在職場的共生環境裡，我們應該像張寧和佳欣一樣，要有可以相互間互補的才能，這樣既有利於個體的發揮，也利於我們工作的開展。形成一個好的共生環境是不容易的，首先我們應該對這個環境裡的同事充分信任和尊重。盡量做自己擅長的工作，把自己的優勢突顯出來。在剛開始融入一個團體的時候，不管你的才能有多突出也不能恃才而驕。好的工作是由大家合作完成的，不是某一個人可以全權包攬的。

同時，和同事溝通也很重要，只有這樣你才能知道對方有什麼你所不能的優勢，在工作的合作中才能更默契地配合。不要以工作上的利益來衡量自己的個人得失。一個良好的工作氛圍是靠友好和坦誠營造出來的。如果一個共生的環境產生了人際關係或其他工作方面的

矛盾而無法解決的時候，要考慮是否是自己行為和溝通方式上有了問題，如果錯誤發生在自己的身上，要及時地修正；如果不是，要真誠地、善意地幫助他人糾正。

俗話說：尺有所短，寸有所長，一個成功的共生環境有著驚人的凝聚力。在這樣的場所裡，每一個人都會因為自己能適當地發揮才能而覺得受到了尊重；在這個環境裡既保持了個體的優勢又調動各同事間對工作的積

極性。作為「共生」關係裡的一員,對自己的工作充滿熱情,與同事和諧,這才是最根本的「共生」之道,也是團隊精神的精髓所在。

【職場點兵】

取長補短,才能相得益彰。團隊需要的就是這種「共生」的關係,只有「共生」才能共同發展,共同進步,才能使一個團隊擁有更強大的凝聚力。

■ 不是你的主場，請為隊友加油

在團隊合作中，有可能會遇到隊友灰心喪氣的情況，這時候，如果你能夠為隊友加油打氣，隊友就會把你視為救星，在這樣的心理作用下，這樣的努力不要偶爾為之，而是應該持之以恆，並且將此視為一種生活的態度。

威廉·亞瑟·沃德說過：「拍我的馬屁，我可能不會相信你；如果你批評我，我可能會喜歡你。如果你對我視若無睹，我可能不會原諒你，但是如果你鼓勵我，我永遠都不會忘記你。」

專欄作家鮑伯·格林有一次問籃球界的傳奇人物麥可·喬丹，為什麼他在比賽的時候希望父親能到場，喬丹回答說：「當父親坐在觀眾席的時候，我就好像吃了一顆定心丸一般，因為我知道，就算全場噓聲四起，我至少還有一個忠實的球迷默默地為我加油打氣。」

不管你是個多麼強大、多麼自信或是多麼受歡迎的人，當你面臨嶄新的挑戰，困難的景況，或是處理枯燥的工作時，如果感受到支持者衷心的鼓舞和打氣，所有的問題都能夠迎刃而解。正是因為這個道理，你也有必要成為別人忠心的支持者，為他們加油。

大多數人的眼界放得太高，總希望為全人類的幸福而努力，但是卻忽略了小事情，其實就算是一些小小的協助或支持，對於受到協助的人而言，也具有同樣的意義，效果也不會因此而打折扣。這些「小事」裡頭也包括了對他人的鼓舞。有個人曾經這樣說過：「鼓勵是邁入新的一天的動

力。」這種鼓舞的力量是非常強大的，人們會因此而對自己更有信心，並且獲得足夠的力量繼續前進，為了達到所希冀的境界而全力以赴。

真心協助別人建立起自信及自重，讓他們深信自己有能力。讓人們了解到自己的重要性並且看到自己的努力受到肯定。對於別人的成功衷心地感到興奮，成為給別人加油打氣的啦啦隊長，突顯別人的貢獻以及長處。每天帶著溫暖的陽光去上班，並且把這樣的溫暖散播給和你共事的每一個人。知道嗎？ 當你為別人加油打氣的時候，別人同時也會把你視為救星，這樣的努力不要偶爾為之，而是應該持之以恆，並且將此視為一種工作的態度。

弗洛倫斯·利陶爾說：

「我們都需要鼓勵，當然，如果沒有鼓勵的話語，我們照樣生活，就好像幼苗沒有肥料的滋養，依然會繼續成長。但是如果沒有這種溫暖的鼓勵的滋養，我們自己的潛能就無法得到充分的發揮，而且就像是沒有肥料的樹木一樣，成功幾乎不可能在這樣的環境下開花結果。」

對於鼓勵他人來說，就如同送人鮮花的手總會留有餘香。一句稱讚他人「工作做得不錯」的話，可能對那個人的生活造成非常深遠的影響。遺憾的是，我們未必肯抽出時間和他人分享自己衷心的感受，或是用一些鼓舞的話語讓他人感到歡喜。

那麼現在，請你找張小卡片，從自己的同事當中選出一個人，在小卡片上寫上貼心話，為對方打打氣。你對這個人最佩服的地方是什麼？ 你可以看他 / 她的才能、特徵或是為人處世的態度；你為什麼樂於和這個人共事？ 這個人這個星期裡做了些什麼事情讓你感到快樂、如釋重負，或是為了整個團隊創造了更大的價值？ 這裡要提醒你的是，你在紙片上頭

所寫的資訊要個人化，用名字（不要冠姓）來稱呼對方，寫下你鼓勵的話語以及你對他／她的感受，內容要盡量寫得清清楚楚。

奧里森·馬登深信：「努力為你周圍的人帶來陽光和微笑，這樣將會為你帶來豐富的回報，這也是其他任何投資都無法比擬的。」這句名言充分說明了這個練習的主要目的。

【進取之道】

同處於一個團隊當中，每個人之間都會相互影響，當你把隊友的士氣鼓動起來時，自己的士氣也會隨之而來，從而整個團隊的士氣都會高漲起來。

■ 一滴水放入大海才不會乾涸

相傳釋迦牟尼問他的弟子：「一滴水怎麼才能不乾涸？」弟子們面面相覷，無法回答。釋迦牟尼說：「把它放到大海裡去。」

一個人再完美，也不過是一滴水；一個優秀的團隊，就是大海。所以，在這個世界上，沒有完美的個人，只有完美的團隊。這個觀點已經被越來越多的人所認可。對於一個國家來說，一個人的強大並不叫強大；對於一個家庭來說，一個人的幸福並不是真正的幸福；對於一個企業來說，一個員工的成功也不是真正的成功，只有團隊的成功才是最大的成功。

我們能在各式各樣的團隊比賽中看出，就算一個人在他的團隊中表現多麼突出，但如果他所在的團隊輸了，那麼也不能使他感受到勝利的喜悅。

在工作中也是如此，要把共贏作為自己努力的目標。如果只強調個人的力量，你表現地再完美，也難創造很高的價值。團隊不僅強調個人的工作成果，更強調團隊的整體業績。團隊所依賴的不僅是集體討論和決策以及資訊共用和標準強化，它強調透過成員的共同貢獻，能夠得到實實在在的集體成果，這個集體成果超過成員個人業績的總和，即團隊大於各部分之和。

團隊概念強調整體的利益和目標，強調組織的凝聚力。團隊合作之所以能夠起到事半功倍的效果，主要是因為團隊中的每個成員都能為了共同的目標忘記小我、齊心協力、同舟共濟。不管你有多麼優秀，都不能把自

己一人的成功看作是真正的成功。要知道你的成功並不是你靠自己一個人的力量取得的。你要把自己置身於一個團隊之中，在這個團隊中發揮你最強大的能量，使這個團隊成為一個無堅不摧的團隊。

【職場點兵】

互利共贏是一個團隊走持續發展道路的理性選擇，是一個團隊在新世紀抓住機遇、應對挑戰的智慧之路。

※ 職場便利貼 —— 測試你是否有團隊精神

1. 面對一個有爭議的問題，大家正在爭論不休，此時自己會怎樣？

   A. 完全不聽別人的觀點，始終堅持自己的看法；

   B. 綜合考慮其他人的觀點，但不會放棄自己的想法，最後得出一個綜合的看法；

   C. 對自己的觀點固執己見，不會考慮他人對自己的觀點的看法，同時也不會強迫他人接受自己的觀點；

   D. 只作為一個旁觀者給予公平論證。

2. 工作中難免會出現錯誤，你做錯事時，恰巧被同事發現了，這時你會怎麼辦？

   A. 主動向他承認錯誤，並且態度誠懇；

   B. 拒不承認；

   C. 心理很慌張，卻故作平靜的找很多合理的藉口來掩飾自己的錯誤；

   D. 試圖將自己的錯誤推脫掉。

3. 一天，你和同事一起出去遊玩。大家都感覺饑渴難忍，這時你看見一棵掛滿果實的梨樹，自己會怎麼辦？

   A. 高興地告訴大家，叫同伴一起去摘；

   B. 暫時不告訴別人，等自己解渴後再據情況而定；

   C. 讓同伴去摘，自己等著他們；

D. 只會想起自己最好的同伴，也只會叫他們與自己一起去摘。

分數統計

題號	1	2	3
A	3	3	4
B	4	4	2
C	2	2	3
D	1	1	1

3～5分屬於A型；6～8分屬於B型；9～10分屬於C型；11～12分屬於D型

A型

你是一個充滿著智慧和度量的人。你的人際關係正因為你淡化個人的主觀意識，而讓人覺得你不是一個很自大、很專制的人。這種做法不僅有利於團體作業，也會提升你的公信力。

B型

在工作中，你常常放棄自己的想法和意見，讓人感覺你並不在乎這分工作，也不尊重團體中的參與者。你可能是怕和別人形成一種對立狀態，因為你不擅於處理這種敵我關係，所以為了逃避這種敵我關係，你選擇退縮讓步的做法。

這種表現，暗示你的團隊合作精神非常薄弱。你為了維護自己在團隊中的人際關係，會設法減輕自己的過失，挽救自己的人際關係。或許這種做法能減輕別人對你的敵意，卻不能增強你的團隊精神。

● 獨自一人無法走遠路

C 型

你是一個很有主見、對自己很有信心的。但因為你太自信、太主觀、自我意識太強烈，會使你成為團隊成員眼中的自大狂。

你的自信或許是你成功的條件和本錢，是你在團隊中，與人團結合作的致命傷。因此，你最好多聽聽別人的意見，即使要堅持己見，也要透過溝通讓別人心服口服。你很在意別人對你的看法，希望能得到大家的肯定，而不是你自己的主觀意識在欺騙自己。因此，你一旦犯了錯，也會以誠懇的態度來尋求大家的肯定。

D 型

你很適合團體工作，因為你有溝通的習慣和觀念。所以你的人際關係也會因你這種合群的觀念而拓展順利。但是有時候，你不用為了要討好同事，而委屈自己的本意。因為這樣一來，你的主見和個性便會蕩然無存，被團體所埋沒，既不起眼，也不受尊重。

第二章
以百米賽的速度狂奔

對於職場中人來說，能不能在最短的時間內高效率地完成上司交給你的工作，能否在最短的時間內實現自己的工作目標，對於初入職場的你來說，是一個能力的驗證。本章能夠核對總和發現你是否具備行動速度高人一籌的優勢。

■ 弱者等待時機，強者創造時機

俗話說：「弱者等待時機，強者創造時機」。所謂「創造時機」，不過是在萬千因數運行之間，努力加上自己的這萬千分之一的力量，企圖把「機會」的運行造成有利於自己的一刹那而已。大作家林語堂先生在回憶起他其中的一段往事的時候，總是有無限的唏噓。

一位先生宴請美國名作家賽珍珠女士，林語堂先生也在被請之列，於是他就請求主人把他的席次排在賽珍珠旁邊。席間，賽珍珠知道在座的有很多中國作家，就說：「各位如果有想把自己的新作品拿到美國去出版的？本人願意為大家介紹。」

在座的人當時都以為這只是客套之詞而已，就都沒有放在心上。唯獨林博士當場一口答應，用了兩天的時間，搜集了他發表在中國刊物上的一些英文小品，編成一冊，送給了賽珍珠，請賽珍珠為他批改。賽珍珠因此對林博士印象非常好，後來傾盡全力幫助林博士。

據說，那天在座客人中有吳經熊、溫源寧、全增嘏等先生，他們的英文水準都極高，均不在林博士之下。只是他們沒有把賽珍珠的話當真，也沒有把自己作品拿給賽珍珠看。如果當時他們也和林博士一樣抓住這個機會，那麼今天成功的人就不只只是林博士了。

從這段故事看來，一個人能否成功，才華固然重要，機遇也必不可少。如果你能及時把握時機，不因循、不觀望、不退縮、不猶豫，想到就做，有嘗試的勇氣，有實踐的決心，眾多因素加起來才可以造就一個人

的成功。所以，儘管說，有人的成功在於一個很偶然的機會，但認真想來，這偶然機會的能被發現，被抓住，而且被充分利用，卻又絕對不是偶然的。

西方有一句諺語說：「機會不會再次來敲你的門。」這樣說並非是因為機會的架子大，而是它也被操縱推擠在萬事萬物之間，身不由己。徘徊觀望是我們成功的大敵，許多人都因為對已經來到面前的機會沒有信心，而在一些猶豫之間，把它輕輕放過了。機會難得，這話是對的，因為即使它肯再來，光臨你的門前，但假如你仍沒有改掉你那徘徊瞻前顧後的毛病的話，它還是會照樣溜走的。

在職場中，抓住機會表現自己是很重要的。當你身處一個人才多如牛毛的企業當中時，靠實力取勝確實有些困難，你就只能和別人比速度了，那麼比別人搶先一步證明自己，你就比別人多了 1% 的機會。

雜誌社的主編退休了，辦公室中窺探這個位置的人不在少數。其中才華橫溢的阿良和小元是最有可能得到提升的。但名額只有一個，管理層也十分為難，就將此事拖延下來，順便觀察一下兩人的表現。

阿良想：反正這種事情自己也做不了主，聽天由命吧，於是就向往常一樣上下班，處理著自己分內的事情。

而小元想到的是：自己和阿元實力相當，而阿良比自己經驗豐富一些，如果不勇於表現一下，自己的機會是非常小的。在今後的工作當中，小元總是有意無意的和周圍的同事打好關係，在一些決策中，他盡可能讓自己的方案是最好的。

一個月過去了，主編的位置依然是空缺的。阿良基本上已經不報任何希望了，而小元卻找到了人事部經理，說：「請您相信我一定能夠勝任這

份工作，在這一個月當中，我時時刻刻都是以主編的要求來要求自己。」

小元的主動幫助管理層解決了難題，也幫助自己坐上了總編的位置。

即使你十分出色，但機會難得，倘若仍然被動等待、守株待兔，結果十之八九會是「煮熟的鴨子飛走了」！可見，當你發現心儀的職位後，一定要迅速行動，力爭「第一」，盡快入職，方為上策。否則一味等待，到頭來只會耽誤時機。

【職場點兵】

俗話說：機不可失，失不再來。能不能把握住就要看你下手的速度是否能比人更勝一籌。機會往往就在一瞬間，先下手就是你的，後下手就是別人的。

■ 熱情是工作的車輪飛速前進的燃料

　　拿破崙·希爾說：「要想獲得這個世界上的最大獎賞，你必須擁有過去最偉大的開拓者所擁有的將夢想轉化為全部有價值的獻身熱情，以此來發展和銷售自己的才能。」

　　而實際上，對自己的工作和所從事的事業充滿熱情的人少之又少。看看我們的生活到底是怎樣的吧。早上醒來一想到要去上班就心生不悅，拖拖拉拉地到了公司之後，無精打采地開始一天的工作，好不容易熬到下班，就立即高興起來，和朋友花天酒地之時總不忘痛訴自己的工作有多乏味、有多無聊。如此周而復始。

　　要知道，工作是一個人的個人價值展現，應該是一種幸福的差事，可是為什麼人們卻把它當作苦役呢？絕大多數的人都會回答是工作本身太枯燥了。然而實際上問題往往不是出在工作上，而是出在我們自己身上。IBM 前行銷總裁巴克·羅傑斯曾說過：「我們不能把工作看作為了五斗米折腰的事情，我們必須從工作中獲得更多的意義才行。」我們得從工作當中找到樂趣、尊嚴、成就感以及和諧的人際關係，這是我們作為一個人必須明白的。

　　當我們在職場中失意的時候，我們總喜歡從外界找藉口為自己開脫 —— 比如說競爭太激烈、大幅度裁員等等。而很少會仔細地審視一下我們自己。我們總認為無精打采地上班，拖拖拉拉去工作，並不是什麼大事情，然而，實際上正是這些讓老闆改變了對你的看法。

第二章
● 以百米賽的速度狂奔

　　熱情對於一個職場人士來說是必備的條件，如果你失去了熱情，那麼你永遠也不可能在職場中立足和成長。憑藉熱情，我們可以釋放出潛在的巨大能量，補充身體的潛力，發展出一種堅強的個性；憑藉熱情，我們可以把枯燥乏味的工作變得生動有趣，使自己充滿活力，培養自己對事業的狂熱追求；憑藉熱情，我們更可以獲得老闆的提拔和重用。

　　著名人壽保險推銷員法蘭克·派特正是憑藉著熱情，創造了一個又一個奇蹟。

　　「當時我剛轉入職業棒球界不久，就遭到有生以來最大的打擊，因為我被開除了。我的動作無力，因此球隊的經理有意讓我走人。他對我說：『你這樣慢吞吞的，哪像是在球場混了 20 年。法蘭克，離開這裡以後，無論你到哪裡做任何事，若不提起精神來，你將永遠不會有出路。』

　　本來我的月薪是 175 美元，離開之後，我參加了亞特蘭斯克球隊，月薪減到剩下 25 美元，薪水這麼少，我做事當然更沒有熱情，但我決心努力試一試。待了大約 10 天之後，一位名叫丁尼·密亭的老隊員把我介紹到新凡去。在新凡的第一天，我的一生有了一個重大的轉變。我想成為英格蘭最具熱情的球員，並且做到了。

　　我一上場，就好像全身帶電一樣。我強力地擊出高球，使接球的人雙手都麻木了。記得有一次，我以強烈的氣勢衝入三壘，那位三壘手嚇呆了，球漏接了，我就盜壘成功了。當時氣溫高達華氏 100 度，我在球場上奔來跑去，很有可能中暑而倒下去。

　　這種熱情所帶來的結果讓我吃驚，我的球技出乎意料地好。同時，由於我的熱情，其他的隊員也跟著熱情起來。另外，我沒有中暑，在比賽中和比賽後，我感到自己從來沒有如此健康過。第二天早晨我讀報的時候興

奮得無以復加。報上說:『那位新加入進來的球員,無異是一個霹靂球手,
全隊的人受到他的影響,都充滿了活力,他們不但贏了,而且是本賽季最
精采的一場比賽。』由於對工作和事業的熱情,我的月薪由 25 美元提高
到 185 美元,多了 7 倍。在後來的 2 年裡,我一直擔任三壘手,薪水加到
當初的 30 倍之多。為什麼呢? 就是因為一股熱情,沒有別的原因。」

在一次比賽中,由於手臂受傷,所以法蘭克·派特不得不放棄打棒
球。他來到了菲特列人壽保險公司當保險員,但整整一年都沒有成績,他
因此非常苦惱。後來他像當年打棒球一樣,又對工作充滿熱情,很快他成
了人壽保險界的大紅人。他說:「我從事推銷 30 年了,見到過許多人,由
於對工作抱持的熱情的態度,他們的收效成倍地增加,我也見過另一些
人,由於缺乏熱情而走投無路。我深信熱情的態度是成功推銷的最重要因
素。」

如果說工作是車,那麼熱情就是使車快速前進的燃料。任何人,只要
具備了這個條件,都能獲得成功。

【職場點兵】

憑藉熱情,我們可以釋放出潛在的巨大能量,補充身體的潛力,發展
出一種堅強的個性;憑藉熱情,我們可以把枯燥乏味的工作變得生動有
趣,使自己充滿活力,培養自己對事業的狂熱追求。

■ 凡事等明天，將失去美好的未來

　　有個人的太太最希望丈夫能送花給她，可是她的丈夫覺得太浪費，總是推辭說下次再買。結果一場意外帶走了他的太太。他用鮮花布滿了太太的靈堂，卻依然無法使自己從悲痛欲絕的心情中走出來。我們的人生總是充滿著等待，可是有些事情是經不起等待，就比如我們的工作。

　　在工作中千萬不要自作聰明，把昨天就該完成的工作拖到今天，期望工作的完成期限按照你的計畫後延。你應該謹記工作的期限，一定要讓今天的工作就在今天完成，愛迪生常說的一句話就是：「浪費，最大浪費莫過於時間。」然而在工作中我們常常看見有人辦事拖拖拉拉，總是想「等明天」，老闆交代的事情他總是推三阻四，不到事不臨頭絕不肯開始用心去做，這樣的行為是很讓老闆反感的。

　　小張就是一個凡事都要拖到明天去做的人。小張剛到這個公司不久，還在試用期。一天老闆給他一份文件，讓他盡快核對一遍，然後列印出來，等後天開會的時候用。小張一聽後天才用，那今天著什麼急，明天再弄也不遲，何況就是一份文件，不用多久就能完成。那天小張就早早的下了班，約上朋友一起去唱歌了，一直玩到很晚。

　　第二天到了公司，一整天都在打瞌睡，老闆給他的文件，才看了兩眼就有點迷糊了。為了提神，他跑到樓下的餐廳要了一杯咖啡。本來打算拿到辦公室喝，結果在餐廳看見了隔壁公司的李小姐。小張正在追求她，於是連忙和李小姐坐在一起。此刻他也不睏了，也忘記了還有工作要做。一

直坐到快下班的時候，他才戀戀不捨地離開餐廳。

回到公司才想起來自己的工作還沒有做，只好拿回家去做。回到家中，電視上正在播籃球賽。看了幾頁文件，心裡不停地惦記著籃球賽，最後乾脆一邊看球賽，一遍核對文件，總算是勉強核對完了，就等著第二天到公司再列印了。

第二天，小張一到公司，老闆就來找他了，問他文件印好了沒有，馬上就要開會了。小張沒料到老闆要的這麼急，只好說自己馬上去印。老闆一看前天交給的他的任務，今天還沒有完成，十分不悅，限小張半個小時之內送到會議室。半個小時後，小張把文件送到會議室。老闆看都沒有看他就讓他出來了。

月底，小張接到人事部的通知，下個月他不用來上班了。這家公司的員工守則中有一句話是「以最快的速度，最高的標準完成任務」。本來半天可以完成的工作，小張用了兩天都沒有完成，最後完成了還是馬馬虎虎，漏洞百出。公司只好請他走人了。

小張這樣的人，大部分都是很懶惰的人。懶惰之人一個重要的特徵就是拖延。今天的工作拖延到明天，明天再拖延到後天。每當自己要付出勞動時，或是作出抉擇時，我們總會為自己找出一些藉口來安慰自己，總想讓自己輕鬆些、舒服些。這樣的人不但不能按時按品質的完成工作，反而會讓自己的工作做得更糟糕。

除了小張這種類型，還有一種就是對工作太過於謹慎，總是怕自己的工作出現紕漏。工作完成後，需要一遍又一遍地檢查，即使是這樣也不能放心，這種猶豫不決並不是對工作認證的表現，更多的是因為你對自身的不自信。這也是造成工作拖延的主要原因。

第二章
● 以百米賽的速度狂奔

　　樂樂是一名會計師，本來的他做事情很俐落。後來發生在同事身上的一件事改變了他。讓他從此有了拖拖拉拉的毛病。

　　那是上個月的時候，樂樂的一個同事因為帳目上的一個小小的錯誤，讓公司損失了一筆錢。後來樂樂就開始擔心自己，萬一自己算錯了，那將是更大的麻煩。從那以後每次算完一筆帳，樂樂都要再重新算一遍，然後怕不對，又重新算一遍。左算右算，算來算去，就是不敢把報表交上去。時間就這樣的耽誤了。

　　對待工作，適當的謹慎是有必要的，但是過於謹慎則是優柔寡斷。我們要想盡一切辦法不去拖延，在知道自己要做一件事的同時，立即動手，絕不給自己留一秒鐘的考慮餘地。千萬不能讓自己拉開和惰性開戰的架勢 —— 對付惰性最好的辦法就是根本不讓惰性出現。往往在事情的開端，總是積極想法先有，然後當頭腦中冒出「我是不是可以……」這樣的念頭時，惰性就出現了。所以，要在積極的想法以出現時，就馬上行動，讓惰性沒有乘虛而入的機會。

　　今天的工作推到明天去做，其實是在為自己累積工作，你會覺得明天總是那麼忙。如果你想得到老闆的青睞，就務必改掉拖延的習慣。不要把今天的工作等到明天去完成，要知道：「明日復明日，明如何其多。我生待明日，萬事成蹉跎。」

【職場點兵】

　　等待最悲哀的地步是忘了原本的目的，不要讓自己的工作在等待中虛耗，等到來不及時再後悔，已經為時已晚。

■ 永遠走在時間的前面

　　古人曾說：「逝者如斯夫，不舍晝夜。」意思是說時間的流逝是很快的。工作中，倘若你能夠走到時間的前面，那麼你的工作效率絕對可以成為別人的一倍，甚至更多。沒有一個老闆不喜歡高產量的員工，因為那樣意味著你能夠給公司帶來更多的利潤。

　　很多時候，工作都是需要提前做準備的，這樣在面對一些突發狀況時，才會耽誤工作，如果不這麼做，很有可能對你的工作造成損失。

　　在美國，每年都有無數的高中生，廢寢忘食地寫研究論文，參加再生元科學獎的評選。原因是再生元科學獎不但代表很高的榮譽，而且還會頒發巨額的獎金，更為重要的是，得獎證書可以當作申請著名大學的憑證。

　　參加比賽的學生當中，獲獎最多的是紐約市史岱文森高中的學生。但是 1989 年 12 月 18 日，史岱文森高中傳出一片哭聲，因為他們的研究成果，沒能進入再生元科學獎的大門。在 12 月 14 日，160 份報告，由史岱文森高中分成兩箱寄出，其中一箱在西屋獎截止的 15 日才及時寄到。另一箱裡的 90 份，拖到 18 號才寄到。

　　「我們有收據為憑，14 號寄的『隔日快遞』。」史岱文森的老師解釋。

　　「我們寫的明明白白，我們必須在 15 號之前收到。」再生元科學獎的主辦人說，「我們不管你什麼時候寄出，我們只管我們是否能準時收到。」

　　此事一傳出，鬧得滿城風雨。有人批評，認為再生元科學獎有點太不近人情了，讓孩子們的心血白費了。

● 以百米賽的速度狂奔

　　我們在替那些孩子惋惜的同時，不得不深切地感受到時間重要性。比賽就是人生的戰爭，除了比實力，也比速度。速度其實就是一種實力。只要你細心的觀察一下你周圍的人，就會發現：真正快活的人是那些掙脫了拖延的枷鎖，完成工作後感到滿足的人，他們是一群勇於爭先的人。

　　站在老闆的角度來看，不講究效率的人都無法成為老闆，也沒有哪個老闆能長期忍受一個辦事拖拖拉拉的員工。你要想在職場中一帆風順，炙手可熱，最實際的方法，就是滿足老闆的欲望，讓自己的工作完成在「昨天」。

　　某公司的老闆要出國開會，而且要在一個國際性的商務會議上發表演說。他身邊的幾名員工都忙得頭暈眼花，要把他出國開會的所需要的各種檔案都準備妥當。

　　在該老闆出國的那天早上，各部門的主管也來送機。老闆看著其中一個睡眼惺忪幫助他撰寫英文資料的主管說：「你負責的那份等我到了以後再用電腦傳給我吧，反正現在也不急著用。」

　　誰知那位主管卻從公事包裡拿出了文件，說：「我已經連夜寫出來了，我怕您想在飛機上看看。」

　　老闆看著那位主管通紅的眼睛和已經整理的好的文件，什麼也沒說，拍了拍那位主管的肩膀，讓他回去好好休息。

　　沒過多久，那位老闆回來以後，就提升了這位主管，原因就在於他是一個與時間賽跑的人，能為公司創造更高的利益。

　　每一個在事業上成功的人士都會謹記工作期限，並清晰地明白，在所有老闆的心目中，最理想的任務完成日期是：昨天。看似不近人情的要求，卻是你保持恆久競爭力不可或缺的因素，也是唯一不會過時的東西。

一個總能在「昨日」完成工作的員工，永遠是成功的。

特別是在今天，商業環境的節奏，正以令人炫目的速度快速前進著。不管是大企業也好，還是小員工也好，都想立於不敗之地，就必須走在時間的前面，因為贏得了時間就是贏得了金錢。記住，沒有一個老闆願意花時間等你的工作結果，你浪費的一分鐘，可能會耽誤一個價值連城的業務計畫。在老闆的速率運算中，羅馬三日建成也算慢。

當你抱怨你的老闆向你提出了苛刻的工作期限時，不要反駁，不要抱怨。將心比心，如果你是老闆，也希望自己的員工更加勤奮，更加積極主動，能把工作在最短的時間內完成。因此假如你渴望成功，那麼就以老闆苛刻的工作期限為基礎，主動給自己再制定一個新的工作期限吧。

【職場點兵】

不要讓時間來等你，時間是不等人的，你能做到的就是走在時間的前面，只有這樣你才能獲得更多的機會。

■ 達到「最」的只能有一個

在我們的工作中我們經常會看見這樣的人，上司吩咐他去做什麼事情時，他總是會先和上司陳述一下自己的觀點，認為應該怎樣去做，直到上司聽得不耐煩了，揮手讓他離開先做完事情再說，他才不情不願地離開，因為上司沒有聽從他「寶貴」意見。其實，上司不是不喜歡下屬有好的想法，而是你的想法是不是在合適的時機說出來。

一位將領需要撞牆槌攻破城門，便下令將大船上的兩支船桅中較大的一支立刻送來，接到命令的軍械師認為，較短的比較適用，並且運送起來也比較容易。於是便向那位將領滔滔不絕的解釋短杆更為合適。

此時的將領急於攻城，根本沒有心情聽軍械師的長篇大論，可是軍械師還不停地解釋，並不見他起身去運桅杆。將領盛怒之下就命令士兵脫光他的衣服，用棍子活活打死了。

故事裡軍械師的觀點是正確的，要攻城的話短杆會更合適一點，這個軍械師無疑是個軍械專家，但他不該以自己專家的身分來抗拒將領的命令，他應該明白「軍人是以服從命令為天職」的。不執行上司的命令，那他的下場就只有一個：身首異處。

其實在職場中也是同樣的道理，對於上司吩咐你的事情，你的第一反應是如何做好。如果有什麼話要說，或是有什麼更好的建議，大可以在辦完上司的分派後再說。在上司看來，連吩咐你的小事情你都做不好，那麼怎麼能讓他相信你提出的新方案有可行性？你只要把每個小事都認真地

做好，才能證明你的能力，才能讓上司相信你的新方案是有一定道理的。

每個人做事都有自己的著眼點，從不同的角度出發，自然會產生不同的認知，作出不同的判斷，得出不同的處理方法。而事實上，達到「最」的只能有一個，我們反觀一下自己曾經做過的判斷，又有多少是正確的呢？

換句話說，我們並沒有形成權威，還沒有達到幾句話就能夠讓人信服的地步。即便你有理由讓人相信你的方案更好，你也一定謹記不要莽撞，先去行動，把上司交給你的任務圓滿完成，這樣才能取得說話的權利。否則誇下海口，卻又沒有能力去完成，難道不是搬起石頭砸自己的腳嗎？在這一方面，人更需要向動物學習。

獵豹是貓科動物中的一種，貓科動物本身就是食肉目中肉食性最強的一科，而獵豹更是高超的獵手。

獵豹在出擊時總是靜觀其變，從不虛張聲勢，輕舉妄動，而一旦行動時卻動如雷霆，速度驚人。

獵豹在出擊前並沒有過多的華麗辭藻，行動勇猛而果斷，最後將獵物捕獲到囊中。在職場中，要做獵豹一樣的員工，因為行動比語言顯得更加光彩奪目，上司也更喜歡做比說還快的員工。投身慈善事業的切絲黑爾姆夫人曾向斯特威夫人談及她的成功之道，她說：「我發現，如果我要完成一件事情，我就得立刻去做，空談無益於事。」

【職場點兵】

無論做什麼事情只停留在嘴上是不夠的，關鍵是要落實在行動上。不要做語言上的巨人、行動上的矮子，那樣你永遠都只是原地踏步。

■ 這個世界不缺空想家

　　思想是我們不可缺少的一部反，基本上時時刻刻我們都在思考中度過。對於忙碌的上班族來說，通常都會想一些「我要努力當上部門經理」、「我要和上司談一談我的想法」、「我要自己開一家公司」、「我也要在網路上開商店」……然而想了無數遍之後，又有多少人能做到想到就去做呢？

　　職場中，「空想家」絕對不是少數。他們的想法一小時一個，一分鐘一個，一秒鐘一個，有時腦子裡一下子閃過一個想法，然後想著這個想法相關聯的前前後後，想像著要是可以這樣操作該如何比較好。但到最後一切想法都會在他們的行動中化為泡影。

　　有人說「世上無難事。」有的人就會認為他在吹牛，認為這是吹牛的人，那是因為他從來沒有去實踐過。俗語說的好，「想三千里不如行二三里」，想法再好，也不過是想法，沒有行動永遠成為不了現實。在我們工作的過程中，一旦蹦出某種很好的想法，就要立即實現在行動上。

　　甲、乙兩個人被公司安排住在一個寢室中，沒多久就熟識起來。

　　一次，甲問乙：「你以後有什麼打算？要一直在公司中工作嗎？」乙說：「其實我打算開發一款遊戲，就像是我們玩的這種。因為這款遊戲是韓國的技術，國內目前還很少，我想一旦開發出更適合我們本土文化的，一定會紅！」甲聽了乙的回答，勸說道：「那你要趕快啊，國內的IT業近幾年發展很快的。」沒想到乙卻不以為然：「不急，現在資金還是問題，再等兩年吧，來得及。」

　　事畢，乙躺在床上呼呼大睡，而甲則是徹夜難眠。接著連續幾個月，

甲都是神色匆匆，沒多久，甲就辭職了。兩年後，乙已經成為公司的主管。一次巧合，乙代表公司去簽合約，到了才發現，對方的總經理竟然是甲。此時的甲已經擁有一家屬於自己的 IT 公司，而成就他的就是當年乙跟他提起的那款遊戲。

乙看到功成名就的甲，明明知道甲是受到自己的啟發才成就了今天的事業，但是也無法再說什麼。畢竟，這些本來應該屬於他自己的東西是被自己給耽誤的，怨不得別人。

速度，就是要思考得比別人快，做得也比別人快。就算是思想慢了一步，但是行動上比別人快了，成功還是會眷顧你。在工作中，沒有你想不到，只有你做不到。關鍵就在於你要把想到的落實在行動上，這樣你才能既想到了，又做到了。

想到就去做，是一個順順當當的程序，頂多有些人習慣「三思而後行」，在著手之前思前想後地花心思做一次全盤考慮，出於保險起見，也無可厚非。但是只想不做，就相當於騎著腳踏車，忽然鏈條掉了，然後突然地一個急煞車，你就停住了。

還有一些因素也會成為你行動的障礙，那就是面對挑戰的毅力和耐心！這可是成功很重要的因素，毅力是行動的根本，也是人的靈魂。只要你的靈魂還在，就有了行動的基礎和動力。去實踐和實現其中一個想法吧，這是你在職場中制勝的法寶，也是讓我的靈魂保持活力的唯一途徑。

【職場點兵】

速度，歸根到底還是展現在行動上，想得快，不如動得快。想要在速度上戰勝別人一籌，就要在行動上比別人快一步。

■ 治好自己的拖延病

　　高速高效地完成工作任務，是每個企業對員工的要求，同時也是生存的要求，也許已經有很多人意識到自己有拖拉的習慣，只是苦於找不到克制的方法。

　　對於拖延，首先你要明確拖延症的幾種變現，所謂知己知彼，才能百戰不殆。「拖延症」一般有以下五種表現：

　　沒有自信。因為每次完成任務都達不到自己最高的能力，對自我能力的評估會越來越低。

　　暗示自己「我太忙」，我一直拖著沒做是因為我一直很忙。

　　頑固。你催我也沒有用。我準備好了自然會開始做。

　　操控別人。他們著急也沒用，一切都要等我到了才能開始。

　　對抗壓力。因為每天壓力很大，所以要做的事情一直被拖下來。

　　然後，就要知道患上「拖延症」的原因，解決問題就要從根本出發，才能夠將問題斬草除根。

　　壓力過大無法紓解。工作越多、壓力越大越容易拖拖拉拉。

　　因為牴觸所以拖延。有些人會因為對某件工作不感興趣而拖拖拉拉；有些人可能因為不喜歡某個主管，就對他所下達的命令消極怠工，作為反抗的一種形式。

　　畏懼更高標準不敢前行。如果常常不能很好地完成任務，自己對自己的能力的估計會越來越低，即使以後完成好了，也認為是運氣。

　　強迫傾向越拖越後。有些人天天下定決心要早睡，卻總是熬到三更半夜，這既是拖延症，也是強迫症。

　　追求完美望而生畏。有的人太想把一件事情做好，一直都在想著各式各樣的計畫，結果一直都沒有行動。

　　看完以上原因，就能知道「拖延症」不止懶惰那麼簡單，它可以歸結到完美主義，因為要求完美，所以在工作的時候一定要等萬事俱備；它可以歸結到抵制和敵意，因為工作任務太難了，或者不喜歡上司，所以為了表示對上司的抵抗情緒，就把工作一拖再拖；它還可以歸結到對自己沒有信心，不知道自己是否能勝任這份工作，不知道是否能得到大家的肯定，在這樣的糾結中時間也一分一秒過去了。

　　拖延症是一點一點形成的，想要克服，也要從工作中的點點滴滴做起。每當你想為自己不願意做的事情找藉口時，你就要立刻去做，不要拖延，漸漸地，這也就成為了一種習慣，也就是勤奮的習慣。你要把「拖延」想像成是你的敵人，如果你不打敗它，就會被它打敗。打敗拖延這個敵人需要我們做到：

　　自己推動自己的精神，不要等著上司或是老闆的指使，主動一點，精神狀態也會不一樣。同時避開一切會影響你工作效率的因素，比如：社交軟體、音樂、電視等；

　　不要等到萬事俱備以後再去做。這個世界上不存在完美。在工作中遇到的困難要立刻解決；

　　做一個主動的人，勇於實踐，做真正在做事的人，而不是只會想不會做，或者根本不想做事的人；

　　要有積極的態度，要主動承擔義務工作，證明自己想要成功的決心。

● 以百米賽的速度狂奔

最好是給自己明確一個奮鬥的目標；

找一些朋友，和自己一起戰鬥，相互監督，相互督促，這樣比自己單打獨鬥有效果。

時時想著「現在」，把「明天」、「下星期」、「將來」等詞彙跟「永遠不可能做到」歸為一類。工作總是在最短的時間內完成最有效率，拖的時間越長，效率也就越低；

立刻開始工作，不要把時間都浪費在準備工作上，給自己制定計劃，並且按照計畫去執行；

用行動來證明自己的實力，增強自己的信心；

俗話說：「病來如山倒，袪病如抽絲」，雖然拖延症還沒有嚴重到「山倒」的程度，但是克服起來也不是一件容易的事情。一定要要恆心，不能半途而廢，讓拖延成為我們追求事業成功的絆腳石。

【職場點兵】

拖延是對生命的揮霍，要與拖延戰鬥，耐心、寬容和堅持，三者都非常重要。拿出你的恆心與堅定，與拖延作戰到底。

■ ※ 職場便利貼 —— 測試你的辦事效率

星期天，你邀請幾個同事來家裡吃飯，結果你：

　　A. 辣椒用完了，讓第一個到來的客人去買

　　B. 為了做道你最拿手的菜，誤了開飯時間

　　C. 只好燒煮一些做法簡單的菜，以節省時間

　　D. 忘記煮米飯，只好出去買麵食

測試結果：

　　A. 你只有在情況緊急的時候才會著急去做。做事總是慌慌張張，丟三落四。

　　職場小建議：做每件事都比計畫提前一點點開始行動，才能從容應對。

　　B. 你是一個不折不扣的完美主義者。追求盡善盡美，往往容易把大量的時間花在細枝末節上，卻忽視了時間的緊迫性。

　　職場小建議：按照每件事的重要性程度來分配時間，這樣你既節省了時間，也提高了工作效率。

　　C. 你是一個做事效率很高的人。

　　職場小建議：工作之餘盡情放鬆自己，不要苛求別人也有著和你一樣的高效率。

　　D. 你是一個很迷糊的人。從來不懂得計算做一件事要花多少時間，經常不能有始有終地完成計畫。

● 以百米賽的速度狂奔

　　職場小建議：買兩本桌曆，一本用於工作，一本用於日常生活，放在自己隨處可見的地方，給每件事定個期限。

第三章
勤奮工作的彼岸是美好人生

對於職場個人來說，能否對自己的工作盡心盡力地去完成，並始終堅持，是一項重要的準則。每一個初入職場的你，最起碼應該具備的優勢就是敬業。你是否具有這種優勢，在本章中你可以找到答案。

■ 工作：一個關乎生命的問題

人們總是喜歡根據一個人的職業去判定一個人，有一份體面的工作，不但自己說出來臉上有光，家人也跟著自豪，如果工作不好，別人問起時，總是羞於啟齒。

其實，職業並不是衡量一個人是否「有面子」的標準。美國前教育部長、著名教育專家威廉·貝內特說：「從根本上說，工作不是一個關於做什麼事和得到什麼報酬的問題，而是一個關乎生命的問題。工作就是付出努力，正是為了成就什麼或者獲得什麼我們才會專注什麼，並在那個方面付出精力。所以本質而言，工作不是我們為了謀生才做的事，而是我們要用生命去做的事。」

工作沒有高低貴賤之分，它是上天賦予我們的責任，而敬業則是我們的使命。真正熱愛工作的人，會認為自己的工作是一項神聖的天職，並對此懷著濃厚深切的興趣。沒有敬業精神的人，就會抱著「當一天和尚，撞一天鐘」的思想來應付工作。

一座寺廟裡，一位剛剛剃度出家的小和尚，他被安排每天早晚各一次撞鐘。小和尚認為，這樣簡單的工作誰都能做，也沒什麼大的意義，就這樣，迷迷糊糊地他撞了半年的鐘。

半年後的一天，方丈告訴小和尚：「你不用敲鐘了，到後院去挑水劈柴吧。」小和尚聽了方丈的安排很不服氣，自己每天撞鐘都很準時，也很響亮，為什麼要安排自己的去挑水劈柴。

　　方丈看出了小和尚的心思，微微一笑，告訴他說：「你撞的鐘是很響亮，但是鐘聲空泛無力。這是因為你沒有意識到『撞鐘』這項看似簡單的工作所蘊含的深意。鐘聲不僅僅是寺院裡的作息時間，更為重要的是要喚醒沉迷的眾生。為此，鐘聲不僅要洪亮，還應該渾厚圓潤、深沉幽遠。心中無鐘，即是無佛。不虔誠不敬業，怎麼能做好神聖的撞鐘工作呢？」

　　一個人想出人頭地，一定要以一種尊敬、虔誠的心靈對待職業，甚至對職業有一種敬畏的態度。當你在把敬業當成使命來完成的同時，你會發現成功之芽正在萌發；當你發現自己的工作為別人帶來了價值，內心裡會有一種充實的感覺，無論你從事什麼工作，這種感覺都會使你的每一天都富有意義，也使你的人生充滿快樂。

　　郭小姐在一家保險公司上班。當初她選擇這個職業的時候，所有人都不看好沉默寡言的她能夠勝任這份工作，因為保險是一個很具有挑戰性的行業，她既沒有天生的優勢，也沒有受過專業的培訓。

　　但是，要強的郭小姐用實際行動告訴了別人，他們的想法是錯誤的。當別的推銷人員向顧客講解保險知識的時候，郭小姐就站在一邊聽，甚至比顧客聽得還要仔細。下班之後，她還買了大量的書籍，每天運用業餘時間學習。晚上下班回去，都要看到很晚。郭小姐的老公每次都是等了又等，不得已只好自己一個人沉沉睡去。而那時的郭小姐還在挑燈夜讀。

　　然而，付出還是有收穫的。郭小姐的勤奮和熱情很快就有了回報，她迅速躍升為公司裡業績最好的業務員。一次，有一個老人來買保險，坐在那裡嘮嘮叨叨一上午，卻沒有說出點什麼重點的事情，而郭小姐就陪著那個老頭說話，一直到中午下班的時候。

　　其他的同事都很好奇地問郭小姐：「陪他說那麼久，妳不嫌煩啊？一

● **勤奮工作的彼岸是美好人生**

看他就沒什麼誠意投保。」郭小姐聽後，笑著說：「對於客人來說，投保是人生的一件大事，我們在茫茫人海與顧客相遇，聽到他們為了家人而奮鬥精神並在事業上取得成功的故事，作為銷售員，我真為他們感到高興。我生來就是為他們推銷保險的，為什麼會覺得他們煩呢？」

　　正是緣於郭小姐的這種敬業精神，她才能始終保持著每年最佳銷售業績，並借此開始了她青雲直上的晉升。

　　從郭小姐的身上我們看到了，唯有敬業，工作才能開花結果！天職的觀念會使自己的職業具有神聖感和使命感，也會使自己的生命信仰與自己的工作連繫在一起。只有將自己的職業視為自己的生命信仰，那才是真正掌握了敬業的本質，也才能算是真正掌握了自己生命的主導權。

【職場點兵】

　　職場中至關重要的一條是，認真做好社會賦予我們的工作，竭盡全力做好本職，把敬業作為一使命，我們才能最終享有社會發展的累積。

■ 厭惡工作，你將一生服苦役

如果你對工作是被動而非主動的，像奴隸在主人的皮鞭督促之下一樣；如果你對工作感覺到厭惡；如果你對工作毫無熱忱和愛好之心，無法使工作成為一種享受，只覺得是一種苦役，那你在這個世界上絕對不會取得重大的成就。看一看那些取得成就的人，無一不是把工作當作樂趣。

愛迪生這位未曾進過學校的送報童，後來卻顛覆了美國工業。愛迪生基本每天都在他的實驗室裡辛苦工作 18 個小時，在那裡吃飯、睡覺。但他絲毫不覺得認為苦。「我一生中從未做過一天的工作，」他宣稱，「我每天其樂無窮。」

這就是愛迪生成功的原因，在他的眼裡，工作已經不再是工作，而是一種樂趣了。如果你覺得你現在的工作對你來說就是無形的枷鎖，那麼你一定不會熱愛這個工作，也許這個工作是不適合你的。想要讓自己的工作充滿樂趣，一定要做自己喜歡的工作、擅長的工作。

假如你沒有能力改變現狀，必須要在你現在有的工作崗位上繼續努力，那就不如改變自己，與其讓自己每天不斷忍受工作的折磨，倒不如努力使你現在的工作成為你的樂趣。

很多人把工作當作是自己用來生存的一個手段。如果你這樣想的話，那你肯定無法從你的工作中得到樂趣。不管是什麼工作，只要你找到了它的價值，你就能從中體會到樂趣。例如，你的工作很繁重，但是你卻因此獲得了更多的財富，財富就是繁重工作的回報。就算是你的工作繁重，但

● 勤奮工作的彼岸是美好人生

是也沒有得到相應的回報，那麼也不要抱怨，因為你同樣有所收穫，至少你收穫了人生的經驗。如果你能夠這樣想，即使是洗廁所的工作，你也能從中有所收穫。

一個少女到東京帝國飯店做服務員，這是她的第一份工作，她十分珍惜這來之不易的機會。但她卻沒有想到上司安排她洗馬桶，而且對工作品質的要求特別高：必須把馬桶沖洗得光潔如新！這是她猶豫了，是走？是留？

這時，一位老員工看到她猶豫的態度，默默地為她做了示範，當他把馬桶洗得光潔如新時，令人驚訝一幕出現了，他竟然從馬桶中舀了一碗水喝了下去！她驚呆了，同時也被老員工對工作的態度折服了，她明白了什麼是工作，什麼是敬業，從此她漂亮地邁出了職業生涯的第一步，並踏上了成功之路。

自然，她所清洗的馬桶，一向光潔如新，而她也不止一次地喝過馬桶裡的水。幾十年過去了，如今她已是日本政府的郵政大臣。她的名字叫野田聖子。

初入職場的你也許此刻正做著你不喜歡的工作，也許你對工作依然存在著抱怨、消極和斤斤計較，把工作看成是苦役，那麼你對工作的熱情就無法被最大限度地激發出來，也很難說你的工作是頗有成效的。你只不過是在「過日子」或者「混日子」罷了！倘若如此，你每日所做的工作不僅不是合格的工作，而且簡直跟「工作」有點背道而馳了！

有些人認為只要準時上班，不遲到、不早退就是完成工作了，就可以心安理得地去領所謂的報酬了。可是，他們沒有想到，他們雖然是踩著時間的尾巴上、下班，可是，他們的工作態度很可能是死氣沉沉的、被動的。

那些每天早出晚歸的人不一定是認真工作的人，對他們來說，每天的工作可能是一種負擔、一種逃避、一種苦役。他們是在工作卻遠離了「工作」，不願意為此多付出一點，更沒有將工作看成是獲得成功的機會。

只有你在心中將自己的工作看成是一種享受，看成是一個獲得成功的機會，那麼，工作上的厭惡和痛苦的感覺就會消失。

【職場點兵】

無論什麼工作，都不可能令人時刻充滿快樂與動力。當你的工作讓你感到乏味和無趣時，甚至已經成為你的負擔時，你無法選擇更換工作，那麼就試著更換你的心情。

■ 認真工作是真正的聰明

在每一個公司裡，老闆都會賞識認真工作的員工，認真工作是一個優秀員工應具備的基本素養。

有一個員工很不滿意自己的工作，他忿忿地對朋友說：「我在公司裡的薪水是最低的，並且老闆也不把我放在眼裡，如果再這樣下去，有一天我就要拍桌子，然後辭職不做。」

「你對那家電子設備公司弄清楚了嗎？」他的朋友問道。

「沒有！」

「我建議你先冷靜下來，認認真真地對待工作，好好地把他們的一切工作技巧、商業文書和公司組織完全搞通，甚至包括合約都搞懂了以後，再一走了之，這樣做不是既出了氣，又有許多收穫嗎？」

這位員工聽從了朋友的建議，一改往日散漫的習慣，開始認認真真地工作起來，甚至下班之後，還留在公司裡研究提高工作效率的方法。

一年之後，那位朋友偶然遇到他。

「你現在大概都學會了，可以準備拍桌子不做了吧？」

「可是我發現近半年來，老闆對我刮目相看，最近更是委以重任了，又升遷、又加薪，我已經成為公司的紅人了！」

「這是我早就猜到啊！」他的朋友笑著說，「當初你的老闆不重視你，是因為你的工作不認真，又不努力學習；爾後你痛下苦功，承擔的任務多了，能力也強了，當然會令他對你刮目相看。只知道抱怨老闆的態度，不

反省自己的工作態度，這是一般人常犯的毛病啊！」

　　然而，在現實的工作中，有很多人並沒有認識到這一點。他們只是整天應付工作，抱著：「我今天終於完成了我的工作」、「速度要快，品質再說」、「幹嘛那麼認真呢？」、「說得過去就可以了」等錯誤思想。結果，他們對工作就失去了動力，天天無精打采地打混，工作似乎都成了他們的負擔，帶來了無盡的煩惱。一個人如果無法認真工作，那麼不管他的工作條件有多麼好，他都會讓成功的機會從身邊溜走。

　　你要得到公司的重視，當你著手開始工作時，一定要全身心地投入，千萬不能三心二意，要知道心不在焉是成功的勁敵。如果你能認真到忘我的程度，你就會體會到工作的樂趣，就能克服困難，達到他人所無法達到的境界，並得到應有的回報。

　　任何一個老闆都是非常精明的，他們都希望能擁有更多的優秀的員工。而工作的態度最能夠展現一個人的品行是否優秀。老闆會根據員工在平時工作中的表現決定給誰升遷或者加薪。認認真真對待工作的員工，早晚會獲得晉升。精明的老闆往往會這樣鼓勵員工：「認真做吧！ 把你的所有能力都發揮出來，還有更多的工作需要你做呢！」他的意思就是說：「認真工作吧，我會給你更好的待遇。」

　　對於你的工作，你一定要認認真真、一絲不苟。能做到這一點，就不會為自己的前途操心，因為世界上到處都是散漫粗心的人，那些認真的人始終是供不應求的。公司每年都會聘用一批人，解聘那些因為粗心、懶惰而不好好工作的員工。

　　因此，在工作中你應該嚴格要求自己。能做到最好，就必須做到最好，能完成100%，就絕不只做99%。只要你認真做了，就能引起老闆的

關注，實現你心中的願望。你千萬不要以為自己的努力會被別人忽視，當你認真工作時，你的老闆不會不知道的。

你要明白的是，被老闆重用是建立在認真完成工作的基礎上的。事實上，如果你不認認真真、盡職盡責地完成你的工作，你在老闆心裡永遠都是默默無聞、毫無建樹的。你成功的巨大機會往往隱藏在你認真對待的每一項工作中。

要想讓老闆重視你，並委以重任，你應該要調整好自己的心態，打消投機取巧的念頭，從一點一滴的小事認認真真地做起，在實踐中不斷提高自己的能力，為自己既定的事業目標累積雄厚的實力。

不管是做基礎的工作，還是高層的管理工作，都要把全部精力放在工作上，並且任勞任怨，努力鑽研。在工作中逐漸提高自己的業務水準，成為公司的業務菁英，這樣你一定會得到老闆的重用。

【職場點兵】

如果你能認真到忘我的程度，你就會體會到工作的樂趣，就能克服困難，達到他人所無法達到的境界，並得到應有的回報。

■ 把工作做到最完美

　　細節，看起來事小，但是造成的影響卻是很大的。人們都說「泰山不拒細壤，故能成其高；江海不拒細流，故能成其深。」在我們的工作中也是如此，從小處著眼，從小事做起，注重每一個細節問題。那些成就非凡的大家總是於細微之處用心、於細微之處著力，這樣日積月累，才能成就自己傲人的事業。

　　著名雕塑家米開朗基羅，有一次在他的工作室中向一位參觀者解釋為什麼自這位參觀者上次參觀以來他一直忙於一個雕塑的創作時說：「我在這個地方潤了潤色，使那邊變得更加光彩些，使面部表情更柔和了些，使那塊肌肉顯得強健有力；然後，使嘴唇更富有表情，使全身更顯得有力度。」

　　當時那位參觀者聽了不禁說道：「但這些都是些瑣碎之處，不太引人注目啊！」安格魯回答道：「情形也許如此，但你要知道，正是這些細小之處使整個作品趨於完美，而讓一部作品完美的細小之處可不是件小事啊！」

　　我們的工作就是我們手中的作品，然後像米開朗基羅一樣從細微處去做，從而把我們的工作做到最完美。

　　然而，許多人就是因為工作中不經意的小事情，影響了自己的前途。比如：隨手亂丟垃圾、說話聲音大、不注重外貌、遲到早退等等，這些看起來無所謂的行為，會給你的上司留下不好的印象，對自己的前途產生很大的影響。為了強調用心著力於小事的重要性，拿破崙·希爾曾講過這樣一個故事：

　　很久以前，有一個少年十分欽慕英雄，並立志要學會蓋世武功。於是，他拜在一位武師的門下，但武師並沒有教他武功，只要他到山上放

豬。每天清晨,他就得抱著小豬爬上山去,一天之中他要上山下山很多次,要過很多水溝,晚上再把小豬抱回來。而師傅對他的要求只是不准在途中把豬放下。

少年心裡非常不滿,但他覺得這是師傅對自己的考驗,也就照著做了。兩年多的時間裡,他就這樣天天抱著豬上山。而他所抱的豬已從10多斤逐漸長到了200多斤。

突然有一天,師傅對他說:「你今天不要抱豬,自己上山去看看吧!」

少年第一次不抱豬上山,覺得身輕如燕,他忽然意識到了自己似乎已經進入了高手的境界。

這位少年所做的事,就是在不知不覺中點點滴滴地實現了自己成為一名高手的目標。拿破崙‧希爾反覆強調:應該注意未做完的小事,如果任其累積,它們會像債務一樣令人焦慮不安。而我們一旦不停地關注那些我們能夠完成的小事,不久我們就會驚異地發現,我們不能完成的事情實在是微乎其微的。

對於一個優秀的員工來說,工作中沒有小事。再小的事情,他們也會努力去做到最好。這就是所謂的敬業精神。對於小事、細節尤其要做好準備工作。正因為它小,才更容易被忽略;正因為它細,才更能夠發現紕漏。在細節上多下點功夫,敬業的精神就更展現得淋漓盡致,你才能得到老闆的青睞。

【職場點兵】

細節就是「一粒沙」、「一滴水」,做一個細心的人,把工作中細小的事情做好,要敬業,更要精業,讓工作中的每一個細節都逃不過你的眼睛,日積月累,才能成就大的事業。

■ 敬業不是一時興起

　　敬業不是一時的興起，高興時就把工作當回事，不高興時就把工作置之不理。只有長期的把工作做好，讓敬業成為你的一種習慣，才是真正的敬業。

　　我每天搭公車上下班，開始的時候，售票員都是站著的。有乘客上來就提醒乘客刷卡；人多的時候，上車的若是老弱婦孺或者是抱著小孩的人，她會一遍遍地提醒讓有座的乘客讓個座，如果沒有人讓座，她還會走到身強力壯的年輕人旁邊，要求那年輕人讓座，最後還不忘說一聲「謝謝」。

　　那時候，公車上還沒有售票員專席。後來不知道什麼時候設了售票員的專席，但是我卻很少見她坐過，依舊是和以前一樣，在車廂裡來回地走著，做著她應該做的一切。有一次，車廂裡的人不多，我見售票員依然站在門口，就問她為什麼不坐下，反正人也不多。她微微一笑，輕描淡寫地說道：「都習慣了。」

　　短短四個字，卻不得不讓人們心中燃起敬佩之情。所謂的敬業精神，我想也不過如此吧。這只是眾多售票員中的一名，這其中也有不少人並不把這樣的工作放在眼裡，他們對於乘客的提問不管不顧，不管是否有老人在搖晃的車廂中艱難地站著。他們賣完票，收完錢，就坐在自己的座位上看著窗外了。在他們看來，他們已經做好了自己的本職工作。其實不然，售票雖然是一項簡單的工作，但是要做好，卻不簡單。只有你把敬業作為你的習慣去執行的時候，你才能在工作中收穫樂趣，才能得到周圍人的認可。

● 勤奮工作的彼岸是美好人生

　　鐘斯是美國一家著名石油公司的小員工。每次出差住飯店的時候，他都會在自己的簽名下面寫上「每桶 30 美元的標準石油」，除此之外，不管是簽發票還是在收據以及信件上，鐘斯都會寫上這樣一句話。他的同事知道了都笑他是多此一舉。因為這樣的事情並不是鐘斯的職責範圍之內，他甚至有點多管閒事。

　　可是作為鐘斯本人來說，他認為，自己是石油公司的一員，那麼公司中的事情，不管是不是自己的職責範圍之內的，只要是自己力所能及的，都應該盡力去做。這是敬業的表現，也是自己能夠把工作做好最基本的保障。

　　沒過多久，鐘斯那句「每桶 30 美元的標準石油」被公司的董事長知道了。董事長驚異公司中竟然有這樣敬業的員工，如此賣力的宣揚公司的聲譽。於是董事長便邀請鐘斯和他一起共進晚餐。

　　後來，董事長卸任後，鐘斯就成為了第二任的董事長。石油公司在他的管理下，逐漸享譽了世界。

　　鐘斯是一個把敬業的精神隨時帶在身上的人，這樣的人怎麼可能工作成績不優異呢？敬業不僅僅是把本職的工作做好就行，它是會滲透到你工作中的每一個環節中的。真正熱愛自己工作的人會把敬業當作是一種習慣，而不只只是標榜自己的依據。

【職場點兵】

　　習慣不是一朝一夕的事情，要把敬業變成一種習慣，就要對自己的工作傾入更多的熱情，付出更多的努力。當敬業變為習慣的時候，你收穫的就是工作的樂趣。

▓ 全世界老闆都愛最勤奮的職員

怎樣能夠得到上司的青睞？這可能是每一個初入職場的人士關心的問題。其實答案很簡單，就是敬業。雖然只有兩個字，但是卻要你付出很多心血和努力。敬業的員工，不僅僅是為了對老闆有個交代，更重要的一點，敬業是一個職業人應具備的職業道德。

在每一個企業的人才體系中，企業把人才分為四種，即：

1. 高能力、高素養者
2. 高能力、低素養者
3. 能力一般、敬業者
4. 能力一般、不敬業者

高能力，高素養者屬於職場中的菁英，既然是菁英，那肯定是少之又少了。而且企業的發展也不可能僅僅依靠幾個菁英人員，更多的是那些普通員工的合作，企業才會有更好得發展。能力高而素養低的人，是企業的毒瘤，會傷害企業，所有企業會敬而遠之。剩下中間的兩種中，很顯然，敬業就成了企業選擇員工的重要標準了，在競爭如此激烈的現代社會，可以不誇張地說，一個公司的存亡，就取決於其員工的敬業程度。只有具備忠於職守的職業道德，才能有可能為顧客提供優質的服務，並能創造出優質的產品。

任何一家公司、任何一個老闆，都想自己的事業能興旺發達。這樣，他就自然而然的需要一個、幾個，甚至是一批兢兢業業、埋頭苦幹的下屬，需要一些具有強烈敬業精神和強烈責任心的下屬。初入職場，不管周

● 勤奮工作的彼岸是美好人生

圍的人是怎樣一種工作狀態，你首先要做到敬業。

小謝大學畢業後來到一間研究所，這個研究所的大部分人都具備碩士和博士學位，小謝感覺壓力很大。

工作一段時間後，小謝發現所裡大部分人工作很懶散，對自身的工作不認真，他們在上班時間不是喝茶就是看報紙，就是搞自己的「第三產業」，把在所裡上班當成混日子。

然而面對他們的工作狀態，小謝並沒有放棄自己的原則。他一頭埋進工作中，從早到晚埋頭苦幹業務，還經常加班加時。小謝的業務水準提高很快，不久就成了所裡的「頂梁柱」，並漸漸受到所長的重用，時間一長，更讓所長覺得離開小謝就像是缺少了左膀右臂。不久，小謝便提升為副所長。

從故事中可以看出，敬業的員工，是老闆最倚重的員工，也是最容易成功的員工。每個老闆都會對新來的員工進行考查，不要擔心自己的敬業老闆看不到。假若老闆的周圍缺乏實幹敬業者，你如果具有強烈的實幹敬業精神，你自然能得到重視，受到重用，得到提拔。如果你的能力一般，敬業可以讓你走向更好；如果你十分優秀，敬業會將你帶向更成功的領域。

那麼怎樣做才能成為一個敬業的員工呢？

第一，對待工作積極、主動。

敬業的員工都是有積極思想的人，這樣人在任何地方都會成功。那些消極，被動的員工，常常在工作中找各種藉口，各種理由的員工，哪個企業都不會歡迎的。

第二，樂於承擔更多的責任。

敬業的員工認為工作就是責任，無論什麼工作都有責任做好。當你對自己的公司和工作負責的時候，你就會認真地對待工作。敬業的員工，即

使沒有告知他要對工作負責，他也能做的很好。

第三，熱愛工作，並不斷得追求進步。

敬業的員工都是隨時隨地具備熱忱並且精神飽滿的員工。因為人的熱忱是成就一切的前提，事情的成功與否，往往都是由做這件事情的決心和熱忱的強弱而決定的。而且敬業的員工從來不以完成任務為根本目標，而是以追求卓越，做到最好來要求自己。

第四，為工作設定目標，並全力以赴的去完成。

一個人如果沒有目標，就沒有方向感。一個企業的員工，如果在工作上沒有目標，老闆吩咐一下，才動一下的人，是得不到老闆的賞識的。

第五，注重細節，追求完美。

在一個企業裡，大部分員工做的都是「小事」。敬業的員工會十分留意工作中的細節，因為，細節決定成敗。

第六，時刻牢記公司的利益。

敬業的員工會把公司的利益放在第一位。只想著自己利益的員工是不會成為一名優秀的員工的。

當敬業的意識植根於我們的腦海中，那麼做起事情來就會積極主動，並從中體會到快樂，從而獲得更多的經驗和取得更大的成就。

【職場點兵】

即使沒有一流的能力，但只要你擁有敬業的精神同樣能在職場中大展身手，即使你的能力無人能及，如果沒有基本的職業道德，一定會遭到公司的拋棄。

■ ※ 職場便利貼 —— 測試你的敬業程度

1. 你是否認為你們推出的新產品對社會是有幫助的？

   A. 當然

   B. 還有點用

   C. 沒有任何幫助

2. 你是否願意想盡一切辦法來推銷你們的產品？

   A. 願意

   B. 看公司的安排

   C. 沒有，我又不是業務員

3. 你的能力在公司中是否得到了很好的發揮，並且願意長期在公司裡發展？

   A. 是

   B. 還行

   C. 有合適的機會可能跳槽

4. 當你和朋友還有家人坐在一起聊天時，你是否經常向他們津津樂道地講述你的公司和工作？

   A. 經常

   B. 偶爾

C. 從不

5. 對於你的工作，你是否認為你在做一件很偉大的事業？

　A. 是

　B. 有一點

　C. 還不是為了生存

6. 你對待工作的熱情是否與私下做自己的事情一樣？

　A. 一樣高

　B. 偏低

　C. 差別太大了

7. 你每天是否能夠在你的工作中獲得成就感，並且隨時準備迎接新的挑戰？

　A. 是

　B. 有時候會有

　C. 太累了

8. 你對你的薪水滿意嗎？

　A. 滿意

　B. 還行

　C. 不滿意

9. 你喜歡你的工作嗎？

　A. 喜歡

　B. 一般

● 勤奮工作的彼岸是美好人生

C. 說不上，就是一份工作

10. 你認為你的工作壓力大嗎？

A. 不大，有壓力才有動力

B. 有時候感到很大

C. 太大了，沒辦法，堅持吧

11. 你的工作內容都是由上司分配的嗎？

A. 不是，很多工作都是自己主動去做的

B. 基本都是，當然也會主動整理一下辦公環境

C. 當然老闆讓我做什麼，我就做什麼

12. 工作中，如果出現了難處理的問題，你是否等著老闆來解決？

A. 經常我會主動想辦法解決

B. 分析我是否能解決，不能解決就找老闆

C. 當然找老闆了，我又不是老闆

13. 你是否想成為這個行業的專家？

A. 是

B. 我想成為專家，但不是這個行業

C. 沒有

14. 你是否認為現在的工作是為了五斗米而折腰嗎？

A. 不是，這個工作讓我很充實

B. 有時有點煩

C. 沒辦法，忍著

15. 當你遭到客戶的拒絕時，你會怎麼做？

A. 換一種方式再談

B. 換一個客戶

C. 算了，再說

解析：

80％都是 A，恭喜你，你有很強的敬業精神。你是一名很優秀的員工，即使你的能力和經驗有些不足，你的工作態度和敬業精神也能幫你彌補。

80％都是 B，很遺憾，你的敬業度偏低。在工作中找不到熱情，你也許曾經滿懷熱情地工作過，由於種種的困難和原因，選擇了放棄。現在工作還算穩定，只好麻木的生活。這種狀態持續久了，你將永遠庸庸碌碌，平庸的生活一輩子。所以，要重新調整自己，改變命運其實沒有想像的那麼難。只要改變了生活的態度，重新定位自己，你很快也會成為職場中很優秀的人。

80％都是 C，說明你是一個很不稱職的員工。你連自己的工作都沒有完成，更不要談敬業了。如果再不努力，過不了多久，你將會被現在的職場所淘汰。

第四章

忠誠是一種美德，更是一種風骨

忠誠，是人由內心散發出來的，是一種真心待人、忠於人、勤於事的奉獻情操。忠誠是有持續性的，也需要藉時間與表現，方可為人所知、為人認同。對工作忠誠，是對每一個職場人士的職業要求。

能否對自己的工作，自己的公司以及自己的老闆，抱有忠誠的態度，對個人在職場中的發展是十分重要的，對於初入職場的你來說，是否具備忠誠的素養，在這一章中你可以找到答案。

● 忠誠是一種美德，更是一種風骨

■ 忠誠不是交換的籌碼

　　每一個老闆都希望找一個既有能力人品又好的員工，在他們眼裡人品和能力同樣可貴，只不過能力可以用文憑、績效來證明或考核，而人品用什麼來證明呢？答案就是忠誠。

　　自古以來，忠誠就是被人們傳頌的美德。一個人若是擁有了忠誠的品質，就會被世人所敬仰。就像岳飛，他背上那「精忠報國」四個字，不但刻在了他的身上，也深深地刻在後人的心裡。同樣，還有三國時期的審配，也是人們敬仰的偉人。

　　三國時期，袁紹手下的重臣審配，當時袁紹已經死了，他輔佐袁尚，袁尚在城外被曹操擊敗，當時袁尚只想著逃命放棄了鄴城，可是審配一直不放棄，因為他知道鄴城是袁家的首府，也是河北的門戶，命門，一旦放棄，袁家就徹底失敗了，所以他帶領城中的殘兵守城。

　　曹操大軍多次攻城都被他擊退，後來他的侄子審榮卻貪圖榮華富貴，出賣了他，打開了城門。當時曹操非常欣賞他，說要給他很多賞賜，然後重用他，可是他就是不降。後來曹操要殺他的時候，他還說：「我的主公（袁紹）的墳墓在北方，我一定要向著北方死去！」曹操被他的忠誠所折服，最終同意他面朝北方死去。

　　審配的忠誠值得稱頌，我們要把這種精神放在我們自己身上。一個公司中，最可愛的員工就是那些忠誠於自己的公司，忠誠於自己的老闆，與公司和同事們同舟共濟，榮辱與共的員工。

也許有人會說：「我對公司忠誠，可是老闆似乎看不到。不但不重用我，還讓我受了委屈。」應該知道是，對工作的忠誠不是我們用來交換表揚、肯定的籌碼，也不是我們完美形象的護身符。忠誠是一種與生俱來的義務，是發自內心的情感，它不談條件，更不講回報。只有這樣的忠誠才真正的算的上是美德。

就像美國西點軍校的一句著名格言：像忠誠上帝一樣忠誠國家，像忠誠國家一樣忠誠職業。當你以忠誠的態度對待你的工作和你的老闆時，別人對你尊敬也會增加一分。此時，不管你的能力如何，只要你對公司有足夠的忠誠度，你就能獲得老闆的信任，老闆就會願意在你身上投資，給你機會鍛鍊，給你機會學習，提高你的技能，因為他們認為你是值得信任和培養的。

某公司要選派一名總經理去分公司做最高管理者。在小王和小張這兩位熱門人選中，大家更看好小張，除了小張的風度、專業水準超出小王很多外，他還是屬於集團總裁提拔的人。

反觀小王，雖說是上任退休總裁的愛將，而退休總裁在公司集團裡仍有一定的影響力，而且與現任總裁關係不錯，但退休的總裁，不管怎麼說也是退休了，所以大家認為分公司經理的人選，必定是小張。

不過，就在決定人選即將公布的前一天週末，集團總裁去看望退休的老總裁，赫然發現小王正在陪著老長官爬山回來。這位集團現任總裁在向老長官請教之際，注意到老長官一句感嘆話：

「唉！當初拉小王一把還是對的，這個年輕人講情分、重義氣，想當初受我提拔升官的人不知有多少，但現在只有小王還記得我，常常給我帶這個、帶那個禮物，週末有空還會陪我爬爬山。」

● 忠誠是一種美德，更是一種風骨

這句話言者無意，但在這位現任總裁心裡，就有一番另外的感受了。原來派到分公司當總經理，其實對忠誠度的要求遠比能力重要。雖然說小張確實是個人才，而且才氣恐怕不在自己之下，難保有一天不會取代自己的位置。再說，自己有一天也會退休，他想公認聰明的小張，絕對不會像小王對待老長官那樣對待自己，因此，倒不如提拔一個懂得感恩圖報的人。

第二天，分公司總經理人選公布了，結果竟然是不被看好的小王。

在同事之間、下屬與上司之間、員工與老闆之間各有不同的人際關係處理方法，但大致的方向都是一樣的，那就是：展示彼此之間作為利益共同體的存在。忠誠信義是精神範疇，利益是物質範疇，兩者似乎相距很遠，但實則是一致的，都是利益。

要由衷的忠於自己的公司，自己的老闆，保持和公司發展一致的事業心。當立場產生分歧的時候，也要樹立忠實的信念，把公司的利益放在第一位。當公司陷入危機的時候，要與公司站在同一戰線上，幫助公司度過難關。如果你能做到這些，你就是一個絕對忠誠的員工了。

【職場點兵】

忠誠也不是嘴上說出來的。而是用行動表現出來的。在你做好自己分內的事情後，還要對公司的發展表現出關心。

■ 忠誠於公司就是忠誠於自己

有一位成功學家說過這樣一句話：「忠誠會助你取得成功。」確實是這樣的。忠誠是職場的做人之本，只有你擁有了真誠的品格，你才能在工作中獲得更多的晉升機會。

工作中不能沒有忠誠，忠誠於自己的公司，忠誠於自己的老闆，跟公司的同事們和睦相處，共同進退，這樣就能使集體的力量得到進一步的增強，而你的人生也會變得更加的豐富多彩，你的事業也會相應地得到更多的成就感，工作也會理所當然地成為一種享受。

微軟公司總裁比爾蓋茲的第二任女祕書露寶，在到微軟工作時，她已經 42 歲了，並且是四個孩子的母親，而比爾蓋茲當年才 21 歲，正是創業之初。

當露寶的丈夫知道她要去比爾蓋茲那兒上班的情況後，就警告她，要特別留意月底時微軟公司能不能發得了薪水。而露寶並沒有理會丈夫的忠告，她想一個如此年輕的董事長開辦公司，遇到的困難恐怕會很多吧。

她開始以一個成熟女性特有的縝密與周到，考慮起自己今後在這間公司應盡的責任與義務。蓋茲的行為有些異於常人，他通常中午到公司上班，一直工作到深夜，每週 7 天，都是如此。於是，關心蓋茲在辦公室的起居飲食，就變成了露寶日常工作中的一項內容，這使得蓋茲感到了一種母性的關懷與溫暖，減少了遠離家庭而帶來的不適感。露寶在工作上也是一個好手。微軟公司離機場只有幾分鐘的路程，所以，蓋茲每次在出差

● 忠誠是一種美德，更是一種風骨

時，為了讓工作盡可能的達到最高效率，他往往在辦公室處理事情到最後的時刻才開車趕往機場。這樣為了趕時間，他沿路經常超車，甚至闖紅燈。這種事多了，露寶難免會為蓋茲擔心，請求蓋茲留用 15 分鐘的時間去機場，並且每次他親自督促。蓋茲對露寶的執著與忠誠表示感激和無奈。

露寶把微軟公司看成了一個大家庭，她對公司的每個員工，對公司裡的工作都有一份很深的感情。很自然，她成了公司的後勤主管，負責發放薪水、記帳、接訂單、採購、列印檔案等事務。

露寶成了公司的靈魂，給公司帶來了凝聚力，蓋茲和其他員工對露寶也有很強的依賴心理。當微軟公司決定遷往西雅圖，露寶因為丈夫在當地有自己的事業不能離開時，蓋茲對她依依不捨，留戀不已。3 年後的一個冬夜，西雅圖的濃霧持續不散，因為缺少得力助手而心情鬱悶的蓋茲坐在辦公室發愁，這時，一個熟悉的嗓音伴著一個熟悉的身影來到他面前：「我回來了！」是露寶！她為了微軟公司，說服了丈夫舉家搬遷到西雅圖，繼續為微軟公司的效力。隨著微軟公司的蓬勃發展，露寶也取得了事業上的大成功。

從露寶身上，我們可以看到忠誠的魅力，事實證明，你對公司越忠誠，公司就會越重用你。如果說，智慧和勤奮就像是黃金般那麼的珍貴，那麼，比起智慧和勤奮更為珍貴的則是忠誠。忠誠於自己的公司，實際上就是忠誠於自己的事業。公司給你一個發展的平臺，在工作中你可以學到很多在書本上學不到的東西，同時能累積豐富的工作經驗，為自己以後更好的發展打下扎實的基礎。

【職場點兵】

　　在人生的事業中，需要用能力做出決策的事不會很多，需要用行動去落實的小事卻很多。少數人成功需要能力和智慧，而絕大多數人則需要忠誠和扎實地工作。

● 忠誠是一種美德，更是一種風骨

■ 你也在時時刻刻為自己盤算嗎？

　　你是一個為公司利益著想的人嗎？當聽到這樣的問題，大部分人都會思考一下，自己是否是一個願意把公司利益放在第一位的人。

　　在經濟飛速發展的時代，商品意識充斥著每一個人的大腦，人人都在為自己的利益著想。對於公司這樣一個團體來說，普通的員工也好，管理者也好，如果只為自己的利益而不為公司的利益著想，那麼公司將難以生存，更難獲得發展壯大了。

　　所以，對公司的忠誠很到程度上取決於你是否把公司的利益放在第一位。有時候，可能會為此而犧牲一些自己的利益，又或者是在面對外來利益的誘惑時，你能否保持一顆清醒的頭腦，把公司的利益放在第一位。

　　小錢是某公司成立時第一個入職的，學歷高、水準高，動作也靈活，老闆很看重他。由於公司規模小，很多雜務都由職員兼顧做了。對於小錢的信任，老闆經常派小錢去採購一些辦公用品，這時候，小錢發現了工作中隱藏為自己增加收入的機會，在感受著「上帝」滋味的同時，有時還能拿一些回扣得點「好處」。

　　有一次，公司的宣傳海報設計好後，老闆很滿意，吩咐小錢馬上找印刷廠印出來。和印刷廠的業務員講好價格後，小錢提出了一個要求，開票時多開 200 元進入自己的口袋。公司業務不斷發展，老闆擴大了公司規模，租用了一幢六層的大樓作為公司辦公場地。老闆帶領大家看場地時，邊說著自己的計畫邊請大家當參謀。小錢在一旁喜不自禁，心想，如此大

量購置辦公設備，那「好處」……

半個月後，小錢終於等到了老闆召見的時刻，心想著正是新辦公樓購置設備的日子，高興得一步三跳著進了老闆的辦公室。老闆請他坐下後，微微笑著說：「小錢，我記得你是第一個入職公司的，這兩年公司發展到今天，你功不可沒啊！」

小錢謙虛地回應著，老闆繼續說：「公司馬上就要進入一個新的階段了，其實你是個很能幹的人，老實說我還有點捨不得。」此時，小錢才發覺到老闆的話不對勁，果然，老闆遞給他一個裝有結清他薪水的信封，並說：「公司發展了，完善管理是必須的，對那些有貢獻的員工也該升遷加薪了，對你的去留，我充滿矛盾，留則給你高職位，但我又擔心你的可靠，所以……」

小錢萬萬沒料到，平日裡忙得不可開交的老闆竟然對他占公司便宜的事情瞭若指掌。小錢在公司最輝煌的時候被炒了，離開公司那天，他後悔不已。

利用工作來為自己謀取私利，是以損害公司利益為前提的，試問，如果是這樣的員工，換做你是老闆，你會願意僱用嗎？

一個合格的員工必然是將公司的利益放在第一位的，這個標準實際上是一個合格的員工必備的忠誠意識。能否把公司的利益放在首位是衡量一個人是否具有良好的職業道德的前提和基礎。毫無疑問，一個公司更傾向於選擇一個把公司的利益放在個人利益之上的員工，哪怕其在某些方面的能力稍微欠缺一點，而不是一個精明能幹卻對凡事以自己利益為主的人。

作為公司的員工，做到處處為公司著想是一件說難不難、說容易不容易的事。說難吧，是因為現在這個時代，個人利益被提到了一個非常高的

● **忠誠是一種美德，更是一種風骨**

地位，在不觸及自己利益的前提下，為公司利益著想是可以的，然而，一旦觸犯了自己的利益，就會有很多的人把公司利益置之不理，甚至犧牲公司利益來保證自己的利益不被侵害，雖然最終自己的利益也會不保，但在事發當下是顧不了那麼多的。說容易，是因為處在公司這個集體中，個人利益與公司利益是一體的，是相互依存的，維護好了公司的利益就等於維護了自己的利益，這樣一想，員工就會積極著想。

巴克萊全球投資公司的執行長派特里·丹恩女士告訴她的員工們：「不要為自己盤算，應該仔細想一想怎樣做才能真正成為企業裡最有用的人。」

有榮譽感的員工都知道，只有公司強大了，自己才能有更大的發展。事實上，有這樣想法的員工才有可能被真正地委以重任極地為公。

所以當你身處在一間公司的時候，你應該多想想「我能為公司做什麼」、「我能為老闆做什麼」，當你在主動去做事的時候，主動為公司解決難題的時候，你已經成了成了公司不可或缺的人物，成了老闆最器重的人才。

【職場點兵】

企業與個人的關係是很微妙的，只有每一個員工都做到忠心地維護企業的利益，企業才能更好地發展，同時也使自己在事業上得到長遠的發展。

■ 拜老闆為老師

有句老話說得好：讀萬卷書，不如行萬里路；行萬里路，不如閱人無數；閱人無數，不如與成功者同步。在學校時，我們向老師學習文化知識，步入職場，我們仍然有老師，這個「老師」就是我們的老闆。

職場也如江湖，出來混，沒有一個強大的「後臺」是不行的。江湖上不是所有人都能當了老大，這就是職場中，不是誰都能當的了老闆。能夠成為你老闆之人，一定擁有你所不及的能力。

一隻狼從兔子身邊走過，兔子沒有像往常一樣嚇得拔腿就跑，而是仍然坐在石頭上思考著。狼感到很好奇，於是走過去問兔子：「你為什麼不跑了，難道你不怕我嗎？」兔子回答道：「從現在開始我不怕你了，因為我已經知道我怎樣可以打敗你了。」

狼聽了兔子的話，哈哈大笑，說道：「你也太不自量力了。」「那我們就到後面的山洞中比試比試！」兔子挑釁地說道。「比就比，我還怕自己打不過你？」狼一臉不屑地和兔子走進了山洞。

不一會兒，山洞裡傳來了狼的慘叫聲，然後兔子悠閒地走了出來。山洞中，一隻獅子瞇著眼睛，剔著自己的牙齒。這時兔子趴在石頭上寫道：「一隻動物能力的大小，不是看牠的力量有多大，而是看牠幕後的老闆是誰。」

如果不是有獅子給自己做強大的後盾，兔子是萬萬不敢和狼決鬥的。職場中，我們的後盾就是我們的老闆，雖然老闆的話不能一句頂萬句，但是一

● 忠誠是一種美德，更是一種風骨

句是一句。所以對待老闆交辦的事情，理解的要執行，對於不理解的要在執行中理解。把老闆作為自己學習的榜樣、奮鬥的目標，因為老闆作為一個成功者，哪怕是他短短的一句話，都很有可能為你的人生開啟一扇大門。

也許是大家潛意識裡認為員工和老闆之間似乎天生就是對立的，大部分人對老闆都是滿腹牢騷，以至於我們忽視了那些每天都在督促我們工作的老闆。當你抱怨老闆沒內涵、學歷低、水準差、小氣摳門、能力不濟、窮凶極惡的時候，有沒有想過，他身上也有優點呢？

試想，一個企業老闆白手起家，單憑自己的本事在市場的夾縫中成長，從無到有，從小到大，造就了一個大企業，難道沒有值得員工學習的地方嗎？一個企業老闆憑自己的能力讓一個瀕臨破產的企業發展成一個知名企業，工人從面臨失業走向小康，難道沒有地方值得員工可以借鑑嗎？向老闆學習，學習他們身上我們所欠缺的優點，對我們而言，是受益匪淺的。

與他們在一起，你能吸收到各種對自己有益的成分，為自己的發展產生推波助瀾的作用。所以要運用公司這個平臺，多向你的老闆學習，像老闆一樣思考，像老闆一樣行動，你將可以少走很多冤枉路。

【職場點兵】

人人都有崇拜的對象，比起那些遙不可及的名人、偉人，我們工作中的老闆和上司，更值得我們去學習。

■ 承擔分外工作是在給成長交學費

在工作中，做好自己的本職工作固然很重要，但是除此之外，你也分擔一些「分外」的工作，儘管這些工作不能給你帶來經濟上的利益，但是卻能增長你工作的水準，更為重要的是，這是一個你對公司忠誠度的絕佳表現。

有一個公司老闆聘用了一個年輕人做自己的司機，年輕人只領取屬於自己的那一份酬勞。而可貴的是，這個年輕人並不滿足於此，還經常為老闆收發一些信件，處理一些手頭上的問題。這樣一來，他對公司的一些業務也了解了很多。

時間長了，如果碰上老闆有事情抽不開身時，就會讓他代為處理。他還在晚飯後回到辦公室繼續工作，不計報酬地做一些並非自己的分內工作，他在超越自己的工作範圍內也力求做得更好。一天，公司負責行政的經理因故辭職，老闆自然而然就想到了他。

在沒有得到這個職位之前已經身在其位了，這正是他獲得這個職位最重要的原因。當下班的鈴聲響起後，他依然坐在自己的崗位上，在沒有任何報酬承諾的情況下，依然刻苦工作，最終讓自己有資格接受這個職位，並且使自己變得不可替代了。

許多成功者在開創自己事業前都有忠誠為老闆打工的歷史。要成功就需要有忠誠於人心的心態，這似乎是一種必然。而忠誠者大多能走向成功，這也近於一種必然。

● 忠誠是一種美德，更是一種風骨

　　沒有人是天才，生下來就懂得如何做事情的。每學會做一件事情，都是經過長時間的磨練的。而且在這成長的過程中，往往要付出很大的代價。譬如把事情搞砸了，帶來的損失就不是一個很小的數字。要自己給自己「交學費」，那是很划不來的。而投身到別人門下，讓自己來為自己的成長「交學費」，那可勝算得多。

　　也就是說，「實驗」──學習的機會本身就是一種報酬。對於這一點，任何一位做過老闆的人都比還在打工階段的職員更加清楚明白。為此，他們大多把承擔更多更重要的責任這一項殊榮作為一種報酬獎勵給忠誠於他的員工，部分地替代了金錢、物質上的支出。而員工們則該懂得，主動、不計報酬地去承擔責任、充當某一個角色，對自己的未來是很有好處的。

　　就像是故事中的這個司機，透過無償地替老闆收發信件，處理一些事情，學會了很多業務上的操作方法。漸漸地贏得了替老闆處理事情的機會，這正是行政經理所要做的事情。到行政經理辭職時，他已經完全學會了這一個職位所要做的工作了。

　　老闆如果從外面聘請一位專家回來擔任這個角色的話，在最初階段出於對這家公司的陌生，這個人做得絕不會比這位司機更好。所以，這個職位只能是屬於這個司機的。他用自己的業餘時間學到了行政經理的本事，讓老闆無風險地聘請到了一位很好的屬於這家公司的行政經理。他也因此完成了從司機到白領的轉變。

　　老闆都希望無風險地任用一個人，去擔當重要的職位。誰能讓老闆承擔越小的風險，誰就能勝出。而要讓老闆無風險地用一個人，最好的辦法，當然是用忠誠獲得學習、實驗的機會，不在其位，已謀其政了。

【職場點兵】

　　表現出自己的忠誠，並不是傻做、蠻幹，而是有計畫、有遠見地做，做自己認為有價值的工作，既能為公司發展出一份力，也能從中鍛鍊自己。

● 忠誠是一種美德，更是一種風骨

守住公司的祕密

「出我的口，入你的耳，切莫告訴第三人。」似乎是在為保守祕密而努力。但結果卻往往是一傳十，十傳百，鬧得是人人皆知，根本就沒有所謂祕密可言。一言不慎則身敗名裂，一語不慎則全軍覆沒。這不是一句危言聳聽的話，而是有史為證的。

1990 年 9 月，美國國防部長錢尼宣布解除空軍參謀長杜根將軍的職務，原因是杜根將軍向記者公開發表了美國同伊拉克的作戰計畫，透露了美國的「具體作戰計畫」，洩露了有關美國空軍的規模和布防的機密。

每個國家都有自己的機密，這些機密都是不會讓別的國家知道的。對於一個公司也是這樣，每個企業都有自己的祕密，公司的祕密叫做商業機密，也是不願意讓別人知道的，尤其是對手的公司。所以作為一名企業的員工，我們最起碼要做到保守公司的祕密，即使有天不在公司做事，也能做到絕不透漏公司的機密。這不僅僅是衡量一個員工忠誠與否的準則，也是做人的基本道德。

面對企業間的激烈競爭，為了不給競爭對手以可乘之機，每家公司都很看重自己的商業機密。但是任何一個企業都難以保證其每一位員工都能做到保守祕密。

現實中，不可避免地會出現員工洩露自己公司商業祕密的情況。有的是因為粗心大意導致洩密，有的是因為員工缺乏商業機密的相關知識而在無意中洩密，有的則是員工由於經不住各種誘惑而惡意出賣公司的機密。

如果說是前兩種情況導致公司機密洩露，還有情可原的話，那出於個人私利而惡意出賣公司的商業機密，則關係到員工的品德問題。沒有企業和老闆希望這樣的員工出現在自己的公司。

小蕭和小李是大學同學，畢業後，小蕭在一家軟體公司做程式師，由於業績突出，很快就成為了公司的骨幹。小李畢業之後進了一家同類的公司做市場，多年過去兩人都沒有聯絡。好巧不巧，兩間公司都在開發同一款軟體，是最大的競爭對手。一個偶然的機會。當小李知道小蕭是這個專案的核心人物時，心中大喜，計上心來。

小蕭接到小李的飯局邀請後，很高興，想都沒想就去了。兩個人多年沒有見面，吃完飯覺得沒有聊過癮，於是又去了酒吧。正應了中國食文化中的那句「酒是一副藥，喝了跑不掉」，被灌得亂七八糟的小蕭說話都開始結巴。小李覺得時機到了，於是就開始打聽小蕭公司關於這個專案的一些細節。小蕭開始的時候還說這是公司的機密不方便透漏。最後小李不得不使出殺手鐧，在小蕭的面前放了厚厚一疊現鈔。小蕭看見那麼的錢，比自己一年的薪水都多，猶豫片刻，便像黃河決堤一樣將這個專案的機密資料全盤托出。

後來小蕭的公司被小李的公司打得措手不及，小蕭的公司明明是遙遙領先的，結果在關鍵時刻敗下陣來。巨額的研發費化為烏有。小蕭的行為給公司造成了巨大的損失，儘管他已經申請辭職，但還是要接受公司的起訴。

暫且不說故事中的小李利用同學關係竊取商業機密的手段是多麼卑鄙，先說說小蕭，他本身沒有任何一點點為公司保守機密的意識，所以才會禁不住小李的糖衣炮彈，忘記了一個員工最基本的守則。

第四章
● 忠誠是一種美德，更是一種風骨

在一個公司裡，很多資訊都是有商業價值的，必須嚴防死守，所以一個成熟職業人的一條基本素養就是，不該自己知道的絕不去打聽；已經知道的，就要守口如瓶。當你遇到別人向你問及一些需要保密的問題，而你有不方便回答時，你可以向羅斯福學習一下。

第 26 任美國總統羅斯福曾經就任美國海軍助理部長。有一天，他的好朋友來拜訪他。聊天時朋友問起海軍在加勒比海一個島嶼建立基地的事。「我只要你告訴我……」這位朋友說，「我所聽到的有關基地的傳聞是否確有其事？」

朋友要打聽的事在當下是不方便公開的，可是，如何拒絕是好呢？

羅斯福望環顧了四周，壓低嗓音向朋友問道：「你能對不便外傳的事保守祕密嗎？」「能！」好友連忙答道。「那好！」羅斯福微笑著說，「我也能！」

我們不得不佩服羅斯福把問題回答的這樣巧妙而又得體，既拒絕了對方，也沒有傷及面子。同時也不要隨意向他人打聽一些不該問的內容，如果是關係很好的朋友或是同學，這樣的做法還會傷及你們之間的感情。

做一個有職業道德的人，最起碼的一點，就是要保守公司的祕密，這是對每一個員工的要求。所以，這個行動從工作一開始就要付出。

【職場點兵】

當一個人喪失了忠誠，連同一起喪失的還有尊嚴、誠信、榮譽以及個人真正的前途。作為一名員工，你要為公司爭取利益，把保守公司的機密作為自己上工的第一課。

■ 協助船長，同舟共濟

一個公司就像是一艘駛向成功碼頭的大船，為了保證這艘船能夠正常前進，船長需要許多人來當他的助手。而這些人必須擁有一個共同的目標，那就是協助船長，努力將這艘船安全平穩的駛向目的地。

公司在發展的路上難免碰到風雨，此時，你是轉身離開呢？還是堅持留下來跟公司並肩而戰呢？聰明的人會選擇前者，他們認為自己是公司的一員，就應該自始至終地追隨公司。公司遇到困難只是暫時的，如果攜手並肩作戰，就一定能夠度過難關，贏得美好的未來。

王老闆的公司已經擁有上億元的資產，在這個時候他提升了一個才能並不突出的小張為副總，這個舉動遭到了許多人反對。但是王老闆依然堅持他的自己決定，因為在他的心中，小張是這個公司中最優秀的員工。

那是發生在五年前的事情。王老闆的公司陷入困境，眼看就要支撐不下去了。公司的員工相繼離開，自謀出路。這時，只有小張堅持了下來，與王總並肩奮鬥，因為他相信王總的能力，總有一天公司會壯大起來。

小張正是因為在公司危難的時候沒有拂袖而去，讓王總清楚地了解到，他是一個把公司利益看得比自己利益更高的員工，是一個可以信賴，並能夠委以重任的員工。當公司身處困境的時候，最需要的就是員工的支持。

一大早，某男裝公司董事長林先生意外收到一份「禮物」—— 100多名企業員工寫的聯名信，要求降薪與企業共患難。

● 忠誠是一種美德，更是一種風骨

　　原來受全球金融危機的影響，許多企業都面臨著重大的難題，由於產品銷量下降，許多企業「多餘勞動力該何去何從」成為主要的問題。去年年底，企業召集生產基層管理員工開會討論開源節流以減少金融危機對企業的影響。管理人員得知公司制定保薪不裁員的計畫後，深感欣慰，也覺得身為企業的一分子也有責任為公司分憂。一位老管理員工表示，企業發展首先要盈利，希望帶頭從管理層開始降薪，和公司一起應對金融危機。這些老員工提出主動降薪後，得到了積極的回應，從管理層到一般員工，主動要求降薪的人越來越多了。

　　企業高層隨後召開了一個會議，林董表示：「當老闆的要講誠信，給員工的保證，說到就要做到。」事後，林董感慨地說：「員工們與企業共患難的行為讓我很感動。」

　　確實，這間企業的員工集體要求降薪的行為很讓人感動。感動的同時，審視一下自己，在公司的危急關頭，我們是否也能做到如此。選擇的權利在我們手中，我們既可以選擇離開這裡，另覓高枝；也可以選擇共度難關。

　　如果你選擇了前者，公司不會因此而對你品頭論足，更不會對你的選擇橫加阻撓；如果你選擇了後者，困境中的公司雖然暫時無法為你提供更為優厚的條件，但是公司卻會因此而感激你、信任你，把你看成是具有忠誠特質的人。當公司脫離困境時自然會回報你的付出。

　　每一個員工都是企業發展的基石，是企業最基礎的力量。當企業遭遇困難的時候，需要的是每一個員工的支持和鼓勵！如果你做不到，同樣的公司也不需要你。一些知名的企業也曾經有過困難時期，也正是這些困難時期幫他們篩選出了一批忠心耿耿的員工，篩出了那些急功近利，目光短淺的員工。

　　工作中有很多機會，大部分都是產生在公司發展的和平時期。殊不知，真正利於把握，並且事半功倍的機會就是在公司有困難的時候，此時若是做到不離不棄，就是最佳的表現時機。

　　不管你是維修工，還是業務員；也不管你是生產技術人員，還是部門負責人；哪怕你僅僅是一名倉庫保管員，或者是內部的學徒工，這些都無關緊要，最重要的是你在公司這條船上，必須與公司同呼吸共命運，必須與所有的公司員工同舟共濟，披荊斬棘，乘風破浪，朝著共同的方向前進。

【職場點兵】

　　忠誠把我們每個人的命運與公司的命運連繫在一起，與公司共命運，要求我們忠誠於公司，把目光放在公司的發展上，只有與公司共患難，才能與公司一起成長。

● 忠誠是一種美德，更是一種風骨

※ 職場便利貼 ── 測試你對公司的忠誠度

1. 快到年底時，公司為了完成戰略和目標，要求每個員工加班加時，
   這時你：

   A. 堅決反對，如果給重金補貼還可以考慮

   B. 跟隨大家的意見

   C. 無條件同意

2. 當你發現有人在工作中做手腳，虛報業績時，你會怎麼做？

   A. 認為和自己沒關係

   B. 立即向上司匯報

   C. 找對方談一談，「死不悔改」者上報給上司處理

3. 好友是對手公司的職員，當他向你打聽技術研發的事情時，你會怎
   麼做？

   A. 毫不保留地想起說出，反正自己也沒什麼損失

   B. 透露一點，多了不說

   C. 岔開話題，委婉拒絕

4. 因為一件小事和朋友大吵一架，事後你會？

   A. 再也不理會對方

   B. 等待對方來道歉

C. 說清楚矛盾，主動和好

5. 通常，你是怎樣「處理」那些舊衣服？

　　A. 毫不憐惜地丟掉

　　B. 紀念性的東西留下，其他的丟掉

　　C. 洗刷乾淨後擺放在一起，時不時拿一些送給需要它的人

6. 由於經營不善，你的公司陷入瀕臨破產的情況時，這時有一個公司表示願意給你更好的待遇，你會怎麼決定？

　　A. 立即辭職，到新東家報到

　　B. 走一步算一步，坐等公司「起死回生」

　　C. 斷然回絕，和公司一起奮戰到底

7. 你為公司盡心盡力，卻沒收到任何薪資獎勵時，你會怎麼做？

　　A. 什麼都不說，立即辭職走人

　　B. 找到合適的下一間公司，再遞上辭呈

　　C. 反省自己有哪些地方做得不夠好，並予以改正

8. 當你和你男朋友一起逛街時，偶遇初戀情人，看到對方十分高興地向你走來，你會：

　　A. 立即撇開男朋友，和對方熱情擁抱

　　B. 打個招呼，事後偷偷聯絡

　　C. 禮貌性地打個招呼，一走了之

9. 男友給你買了一條手鏈作為生日禮物，但款式你不是很喜歡，你會？

　　A. 過後送給適合佩戴的好友

　　B. 好好保存，但從不佩戴

C. 雖然不是很喜歡，但也會時常戴給他看

10. 你是否明確你目前所在公司發展的目標和方向嗎

　　A. 完全不知道

　　B. 或多或少了解一些

　　C. 完全知曉，並全力支持

積分規則：

選 A 得 1 分，選 B 得 2 分，選 C 得 3 分

結果分析：

31 ～ 40 分，忠誠度比較高

你是一個忠誠於朋友、同事、公司的優秀員工。無論身處哪個企業，從事哪個行業，你都不會輕易「更換」。但有時會被人利用，因此，要分清狀況，堅守對的一面，不要為「叛離」錯的那面深感內疚。

18 ～ 30 分，忠誠度比較弱

你通常情況下是比較忠誠的，但禁不住物質、利益的誘惑，一旦符合自己的心理預期就有可能把朋友、同事、公司通通「賣掉」。堅定自己的意志，從「心」做出選擇。

18 分以下，忠誠度非常弱

你無論對朋友、同事，還是對公司，都很少付出真誠之心。真正可以共患難的朋友極少，公司對你評價也不高，老闆不敢對你委以重任。如果你想讓自己不要那麼累，就放開心扉，嘗試對朋友對同事坦誠一些吧。

第五章
聰明的人爭取一切表現自我的可能

　　表現自我，就是指在正確認識自己的情況下，在一些場合或是工作當中，展示自己的優勢、長處。這是一種自信的表現，也是一種自我推銷的手段。表現自己的是一門很複雜的學問，它展現了一個人各個方面的素養。

　　對於員工個人來說，表現自我要求你能夠適時地表現自己的能力，對於初入職場的你來說，具備這種優勢，能夠在短時間內在新人中脫穎而出。本章能夠讓你看到自己是否具備這種優勢。

● 聰明的人爭取一切表現自我的可能

■ 別把自己埋在自卑的泥土裡

　　古人說：「人貴有自知之明」，如果你連自己是個什麼樣的人都不知道，那麼你更加不知道該怎樣去表現自己。所以，想要在職場中顯示出自己的優勢，第一就是要認識自己，而且僅僅是認識自己是不夠的，還要知道自己的重要性。換句話說，就是不能把自己看成是透明人。

　　在職場中免不了有這樣的人存在，不管是在上司面前還是在同事面前，她都是那個默不作聲的人，偶爾有一天沒有來上班，周圍的同事都不會發現。更不要說和同事們一起休閒娛樂，在例會上慷慨陳詞了。

　　這樣的人，大多是內心十分自卑的人，他們不敢把自己表現出來，因為他們怕自己的能力不足。儘管通常情況下，很多事情是他們能夠勝任的。但是由於自卑在作祟，使他們無法正確地認識自己。漸漸的，他們就成了空氣一樣的顏色，成為了透明的人了。這樣的你怎麼吸引上司的注意力呢？在一個公司中，你必須樹立起「我很重要」的概念。

　　一家食品廠受經濟危機的影響，效益很不景氣。為了能夠起死回生，廠長決定裁掉一部分員工。裁員的名單中：一種是清潔工，一種是司機，一種是無任何技術的倉管人員。這 3 種人加起來有 30 多名。

　　廠長分別找來他們進行談話，簡單委婉地說明了裁員意圖。大家明白了廠長的意思後。

　　清潔工說：「不能裁掉我們，我們很重要，如果沒有我們來保護環境，清潔衛生，那其他員工怎麼能夠投入身心去工作？」

司機說：「我們很重要，這麼多產品沒有司機怎麼能迅速銷往市場？」

倉管人員說：「我們很重要，如果沒有我們，這些食品豈不是就被街頭的流浪漢搶走！」

廠長聽了他們說的話，覺得都有道理，權衡再三後決定不裁員，並且重新制定了管理策略，最後廠長在廠門口懸掛了一塊大匾，上面寫著：「我很重要」！

清潔工、司機和倉管人員，在我們看來無足輕重的工作，在他們眼裡看起來卻是那麼重要。因為他們意識到了自己的重要性。也許你很平凡，也許你很普通，你沒有做出驚天動地的偉業，也不會在史冊上永垂不朽，但是，當你作為一個人才來到公司中，就注定了你個人的職業生涯上將是一片輝煌。

當然面對比自己強大的「對手」，難免會自慚形穢，產生自卑的心理，一旦這樣你就會低估自己的實力。

即便是在如此競爭激烈的職場中，更要認為自己很重要。一隻蜜蜂和老鷹相比，確實是微不足道，但是蜜蜂可以傳播花粉，可以生產蜂蜜，對大自然同樣是不可或缺的。不管是你是老鷹，還是蜜蜂，你都有自己的過人之處，不要再把自己深深地掩埋在自卑之中，你的才華，需要靠你自己去證實。

小楓在這家報社做校對工作 3 年了，每天默默無聞地做著自己的工作，不遲到也不早退。

在辦公室裡面，她是話最少的一個，除非別人問到她，否則絕不會主動發言。其實小楓不是沒有自己的見解，只是她身邊的人都是大學生、研究生的身分，她怕自己高中生的身分一張嘴就露出膽怯，所以就乾脆選擇

● 聰明的人爭取一切表現自我的可能

閉口不言。每當辦公室中激烈地談論一些問題的時候，她都暗暗在心裡盤算，如果換做是自己，自己要怎麼發言，可是她不敢說出來，就把自己的見解都寫在部落客裡。

部落格寫得多了，小楓的文筆也越來越好，她嘗試了幾篇投稿，居然刊登了。於是小楓決定辭職，她想：反正自己的那份工作簡單易操作，無論是誰都會做的了，她做不做這個工作對於報社來說是毫無所謂的，那不如做點自己更擅長的事情。有了這樣的想法，第二天小楓就向老闆提出了辭職申請。老闆看到小楓的辭呈後，表情十分驚訝，急忙地問小楓辭職的理由，小楓向老闆說了自己的想法。

老闆聽後笑了，說：「我以為是我給的薪水太少，所以留不住妳了。其實不是妳想的那樣，妳的工作對於我們報社來說是非常重要的，所有的校對人員裡面，妳的出錯率是最低的。這給我們出版社節省了許多麻煩啊！還有，我從其他的員工的那裡知道妳的部落格，常常也會進去看看，發現妳的文字很優美，剛好想提拔妳當編輯，負責一個專欄呢！辭職的事情，妳再好好考慮一下吧，作為一個老闆，我不希望失去妳這樣的人才！」

老闆的一席話讓小楓驚訝不已，她才意識到，原來自己是這樣的重要。不管在老闆的眼中還是同事的眼中，她都並不是自己想像中的那樣毫無價值。小楓決定不辭職了，她要在報社繼續做下去，用實力證明自己確實是「能行的」！

每個人都有自己存在的價值，哪怕，你只是天空中的一顆小星星，海洋裡的一滴水，大地裡的一粒塵，但是，你也是非常重要的。因為，沒有你，天空就不再完美，大海就不再浩瀚，宇宙就不再完整。

【職場點兵】

　　任何時候都不要看輕了自己。對你的事業來說，你就是不可或缺的，是別人無法替代的，你確實很重要。

■ 為自己吹響號角

職場中的你是怎麼「欣賞」自己的呢？也許你想成為總經理，可是你卻只是一個小小的祕書；也許你想成為大作家，可是你卻只是一個小小的編輯；也許你想成為科學家，可是你卻只是小小的生產線工人……你覺得是命運在捉弄你，其實是你並沒有發現自己的亮點。例如，當你一次又一次地失敗後，你在沮喪的同時，也要看到自己勇於面對失敗的精神。

一個小男孩站在自己家的院子裡，手裡拿著球棒和棒球。

只見他把球往空中丟，然後用力地一揮球棒，並大聲說道：「我是最棒的擊球手！」但是球卻落在了地上，沒有打中。然而他沒有放棄，繼續將球撿起，又往空中丟，然後大喊一聲：「我是最好的擊球手。」他再次揮棒，可惜仍然是揮空。他仔細地將球棒檢查了一次後，他又試了一次，這次他仍告訴自己：「我是最傑出的擊球手。」然而他這一次仍然沒有擊中。

「哇」，他忽然跳起來，「我真是一流的投手。」

儘管事實證明這個小男孩並不是一個優秀的擊球手，但是他卻勇於肯定自己。在臺灣，人是提倡謙虛的。他們自己不敢肯定自己，不愛表現，甚至也不喜歡別人表現。

其實愛表現是很好的一種特質。老闆們不怕誰愛表現，反而比較怕不愛表現的員工，因為他要花很多心力去了解，不是每個老闆都有這種時間。員工愛表現，就可以儘早讓公司發現你的特長。如果員工表現出的方

式或能力不適當，主管或人力資源部門也可以儘早發現，幫助他改進不足之處，讓他能適性發展，對公司也會有利。

現如今，「好酒不怕巷子深」的時代早已過去，如果你再羞於說出自己的優點，而是苦盼著伯樂的賞識，結果無異於「坐以待斃」。現代社會是一個「毛遂自薦」的社會，即使你堅信自己是一塊黃金，期待別人的發現，你也應該先發出黃金的光芒讓別人看見才行。

有時候，自誇是很必要的，你要是一直緘默不語，太老實，太守本分，不敢「吹噓」自己，別人就會忽略你。在當今這個高度發達、充滿競爭的社會中，你不能夠停滯不前，不能錯過任何機會，你必須學會怎麼自誇，否則你一定會被淘汰，一定會落後。當你面對自己心儀的職位，而老闆又沒有意識到你可以勝任時，你就要適當地在老闆面前自誇一番。

李斯是學軟體設計的，進入了一家著名的 IT 公司。

進入公司後李斯被安排做電腦及網路維護工作。剛開始，他覺得很新鮮，也很有成就感，但幾個月後就失去了工作熱情。他認為設計工作更適合自己，想調到設計部工作。可是公司的軟體設計人才濟濟，李斯心頭不免打退堂鼓。經過了深思熟慮後，李斯決定先主動承擔一項軟體設計任務，讓自己的能力說話。於是他找到老闆，談了自己的想法。

老闆疑惑地問：「你可以嗎？」

李斯自信地回答：「設計是我的專業，我設計的作品在學校的時候就曾得到過老師的褒揚，我想一定不會做得比別人差，而且我承擔的設計任務，會在不影響現有工作的前提下完成的。」

老闆給了他一個機會。李斯設計的軟體程式讓老闆喜出望外，並立即將他調到了設計開發部。

● 聰明的人爭取一切表現自我的可能

　　自誇是要在自己能力範圍之內對自己進行肯定。假如李斯一直默默無聞地待在網路維護的部門，整天「身在曹營心在漢」，或者是就這樣放棄自己喜愛的專業，那麼他永遠也不可能被老闆發現他有設計的才能，永遠也不會被調進設計部。

　　所以說號角要靠自己吹響，必要的時候自誇一下，更有助於別人發現你的優勢。沒有一個員工會不期望得到老闆的賞識，沒有一個員工會不想成為公司中的佼佼者，只知道自己勤勞苦幹，然後傻傻等待被「挖掘出來而大放光彩」的一天，這樣的機遇無疑是少之又少。不如主動一點為自己邀功請賞吧！

【職場點兵】

　　肯定自己，就算沒有超凡的智慧，卻不乏執著和勤奮；肯定自己，在欽佩別人的時候，始終沒有忘記自己的座標；肯定自己，在挫折面前有奮勇向前的韌性。

自我表現需要攜帶謙虛的尺

在這個個性張揚的年代，每個人都在迫不及待的展現著自己，因為只有這樣才能不被眾人淹沒。在工作中，適當的展現自己是非常必要的。但是，表現自己不是誇大自己，到處宣揚自己的功勞，逢人就提，並且誇大其辭，那樣的展現未免太過分了。凡是有所成就的人，會用行動告訴人們他的能力。

卡爾文·柯立芝是美國總統，他平生素以謙遜聞名。

柯立芝在阿姆斯特大學的最後一年，獲得了一枚金質獎章，它是由美國歷史學會獎給了的最高榮譽。這在全美國來講，也是件很榮耀的事情，可是柯立芝並沒有把這件事告訴任何人， 甚至連自己父母都沒有說。畢業後，聘用他的裁判官伏爾特，無意中從 6 週之前一份雜誌的消息中發現了這一個記載。這讓他對柯立芝倍加讚賞與青睞，不久便給了他一個很重要的職位。

柯立芝不向別人告知他得到最高榮譽的獎牌，正是因為他有一顆謙遜的心。他認為優秀不是靠嘴巴說出來的，而是靠行動表現出來的。假如柯立芝得到了最高榮譽的獎牌，但是在工作中他卻表現平平，那麼伏爾特也不會因為一則報導就給他一個很重要的職位。

柯立芝的全部事業中，從一名小小的職員一直上升成為美國 30 任總統，常常以這種真誠謙遜的風貌出現在眾人眼裡。他的身價也由此而聞名。另外一個以謙遜聞名的是美國南北戰爭時期南方聯盟的戰將傑克遜。

● 聰明的人爭取一切表現自我的可能

在西點軍官學校時，他便以謙遜著稱。在一場名為「石城」的戰役中，本來是他指揮的，但他卻一再堅持說，功勞應該是屬於全體官兵，而不屬於他自己。同樣，在墨西哥戰鬥中，總司令斯哥托對他的指揮能力給予了極高的評價，而傑克遜從未向任何人提起過這事。

不過，傑克遜並不是視功名如糞土，從墨西哥戰爭開始時他給他姐姐的一封信中便可以看出，他充滿了樹立聲譽、博得大眾注目的計畫。因為那個時候他只是一個空有其名的副官。在他後來的事業進程中，這位勇敢、謙遜而聰明過人的人，巧妙地運用了他向上進取的每一計畫，讓斯哥托將軍大為好感，在他的手下，傑克遜得到了不斷地提拔。

傑克遜的謙遜的兩重性與柯立芝何等相似！在工作中，對於一些別人一定會知道的事情，不用自己去聲張，而對於別人發現不了的功勞或是優勢，就一定要實事求是要變現出來。只有目光短淺、胸無大志的人才會時時標榜自己做了什麼，有時為了標識自己，甚至在大眾面前掩飾自己的過失。

無論是在什麼企業中，一個有功績而又十分謙遜的人，他的魅力一定會倍增。但是，這種謙虛要拿捏分寸，過分的謙虛，並不是真正的謙遜，而是一種虛偽的表現，這不僅是在欺騙自己，也是在欺騙別人，更是對自己功績的詆毀。所以，過度的謙遜並不是一種可取的美德。

【職場點兵】

謙虛永遠是一種美德，任何時候都不能摒棄。但只有將謙遜與恰當時候的自我標識相互結合，才更能在工作中贏得更高的尊重，過分謙虛只會讓你在職場中處處碰壁。

勇於舉手發言才能加重關注

很多初入職場的人都有這樣一個困惑：在公司的例會上，看到其他同事滔滔不絕地表達自己的想法，而自己心中縱使有千千萬萬的想法，也總是羞於啟齒，對於自己的想法，不敢在同事面前透露，也不敢向老闆透露。

職場中，這樣類型的人並不在少數。自己本身是很有才華的人，但是卻羞於向他人展示，把自己的才華埋在肚子裡，這樣怎麼能得到老闆的重視呢？ 如果你覺得自己是一顆冉冉升起的新星，但是你還沒有被大家發現。那麼你就要學會用適當的方法來讓大家注意到你。最好的方法就是在會議上，不管是什麼會議，你要勇於舉手發言，努力使別人的注意力集中在你的身上，讓他們發現你的存在。同時你需要的不僅僅是目光，還有大家的信賴。

首先，在你發言時，不要把重點都集中在自己的身上，要多考慮其他人，讓他們在發現你才能的同時，也得到你的尊重。而對於你個人而言，發言最重要的莫過於你提出的問題，所以你提出的問題不管多少，一定要有水準，並且自己有很好的解決方案。這樣一來，人們會加深對你的關注，在這樣的機會和空間下不但表現了自己，同時也獲得了別人對你的賞識。

同時，在每一次的會議上你都要很好的掌控交談和討論的時間，無論參與討論，發表意見和保持沉默，都需要適時而定。那麼，具體要怎麼做呢？

● 聰明的人爭取一切表現自我的可能

1. 發言時，言語要言簡意賅，條理清晰

首先，對於大家提出的問題，要開門見山地告訴他們應該如何去解決，這樣直接吸引他們的注意力；其次再說這樣做的原因，如何才能取得成功，說話簡明扼要，但意思一定要表達清楚。只要告訴他們想要的內容就可以了。

同時，可以讓大家向你提出一些問題，透過解決他們的問題，來讓他們盡可能明白你的意思。這樣不僅可以讓聽眾集中注意聽你說話，而且可以調動現場的互動氣氛。值得注意一點的是，回答中千萬不要說出「我覺得」、「我猜想」之類的話，這些會降低你的可信度。

2. 耐心對待他人的沉默

如果只是單獨對話在，在你說完話或是問完問題以後，對方沒有立即回應，而是保持沉默。那你首先也得保持沉默，千萬不可喋喋不休地打擾人家。也許他是在考慮問題，也許你問的問題涉及到了他的難言之隱。

如果你覺得對方確實是想要迴避你的問題，而你又急於知道答案。你可以試著問：「你覺得有什麼困難嗎？」並且要做好應付他直率的回答。如果你是無意間問到了他的隱私。你就應該及時岔開話題，或者用幽默的語言來收拾這個殘局。

3. 發言要選擇適當的時候

發言也要看時機，如果沒有把握好時機，會傷害了演講者的面子，往後的工作就很有可能對你不能作出客觀的評價。對於一些小問題不影響大方向可以暫時不提，對於關鍵問題要適時得提出來。

如果別人發表的言論是在支持你的觀點，你也要懂得言謝。言論的禮貌能夠展現出你的君子作風，讓他人更加地敬佩你。在大家都覺得有問題

但是沒有人指出的時候，你應該大膽地舉起手來，不管你的看法是對是錯。時刻保持發言時的禮貌和自信，抓住機會，從同意他人的意見開始說起，然後提出自己的主張和見解。

4. 做個簡單紀錄

在經歷過一詞不尋常的或者是重要的談話之後，你應該及時做一個紀錄。寫上姓名、日期、事件以及歸納總結等等。一方面避免你日後的健忘和誤解，另外也節省了你的時間。

【職場點兵】

善用發言的技巧，也能達到你毛遂自薦的效果。拿出勇氣，嘗試著讓自己口若懸河，有了第一次，接著就會有第二次，第三次，直到你的發言成為必不可少的環節。

■ 你的思想決定你的命運

西方有句名言：「一個人的思想決定一個人的命運。」有時候，對於有難度的工作，不是我們完成不了，而是我們從心裡認為自己無法完成。

在職場中，有的人費盡心機想要得到上司的青睞，卻苦於成效不佳。其實，想要得到上司的青睞並不是一件難事，當一件任務傳達下來，卻因為難度太大，沒有人敢接的時候，如果你認為自己能行，不妨大聲地說一聲：「讓我試試看！」相信，任何一個上司，都會對這樣勇於挑戰自己的員工刮目相看。只要勇於挑戰自己，就沒有無法跨越的困難，例如，貝多芬、托爾斯泰……

貝多芬學拉小提琴時，技術並不卓越，他的老師說他絕對不是當作曲家的料；歌劇演員卡魯索美妙的歌聲享譽全球，但當初他的父母希望他能當工程師，而他的老師說他那副嗓子是不能唱歌的；愛因斯坦4歲才會說話，7歲才會認字，老師給他的評語是：「反應遲鈍，不合群，滿腦子不切實際的幻想。」他遭遇了退學的命運；托爾斯泰大學時因成績太差而被退學，老師認為他既沒有讀書的頭腦，又缺乏學習的意願；羅丹的父親曾感嘆自己有一個白癡兒子，考了三次藝術學院都沒有考上。

當你不能相信自己的時候，想想他們，這些曾經可以平凡到塵埃裡的人，最後卻以那樣傲人的姿態出現在人們的目光裡。如果他們不相信自己，不勇於挑戰自己，挑戰命運。那麼也不會有我們所熟知的貝多芬、羅丹、愛因斯坦……

　　做一個「勇士」還是「懦夫」往往就在一念之間，但是這兩個身分在老闆的心中卻是有著天壤之別。在如此失衡的市場環境中，如果你是一個職場「安全家」，不敢向「不可能完成」的工作挑戰，那麼，在與「職場勇士」的競爭中，就永遠不要奢望能夠得到老闆的垂青。當你羨慕他們深得老闆重用的時候，那麼你也一定要明白，他們的成功不是偶然的，是因為他們勇於去承擔你不敢承擔的工作。

　　王楠是一家軟體設計公司的工程師，在公司安安穩穩地工作了 2 年後，公司忽然決定要重新定位產品，為了迎合市場需求。於是公司裡成立了一個研發中心，為了搶在對手前面上市，研發中心的主管建議派公司現有的工程師，組成一個研發團隊。

　　這是一個有難度的工作，如果公司高層擅自決定研發人員，很容易引起員工的反彈情緒。於是，公司開會決定，讓大家自願到新的研發中心報名，名額是 4 個。結果通知發出 3 天了，仍然不見有任何的動靜。因為這是一個高風險的產品，並且已經有幾家知名的大公司在進行類似的研發了。況且，誰都沒有這方面的經驗，加班加點不說，更重要的是大家都不知道自己能不能做出成績。

　　王楠知道這件事情以後，考慮再三，他決定去新的研發中心，並且還動員了自己小組的 3 個同事。因為王楠知道公司研發新產品的決心，肯定會給予許多財力、人力、物力的。有公司做後盾，剩下的就只有自己的決心和努力。一旦成功了，他在公司的位置就會發生了巨大的變化。

　　最後，事實證明了王楠的決定是正確的。經過他們的努力，終於趕在對手的前面研發出了新的產品。果然，王楠和另外三名同時均得到了升遷加薪的機會。

● 聰明的人爭取一切表現自我的可能

　　由此可見，決定我們成敗的不是外在因素，而取決於我們自己想要在職場上有所發展，就不能用傳統的方式來約束自己，一定要突破自己的尺度，勇於接受你以為辦不到的事情。人的潛力是無窮的，如果不激發，你永遠不能跳出新的高度。這就要求我們在工作中有一股的「狂勁」。

【職場點兵】

　　當你十分明確了自己的能力，並且相信自己能發揮地更好時，就要去挑戰「不可能」的工作，當你把「不可能」變成「可能」時，就是你更上一層樓的時候。

■ 把自己打造成焦點人物

　　在公司的各種聚會中，每個人都明豔照人，使盡渾身解數去博取注意力，而有人卻獨領風騷，讓人以為他是一個大人物，急於結交。在角色多如牛毛的社會舞臺上，總會有一些人一出場就能贏得滿堂彩，一抬頭、一舉足就能顯出與眾不同，惹人注目。

　　而我們大多數人，卻彷彿注定了默默無聞，不能吸引眾多的眼光注目。我們的平凡無奇，彷彿是無力改變的，彷彿就是為了襯托出「紅花」的嬌豔美麗。對於初入職場的新人來說，這樣的場合無疑是表現自己的一個「舞臺」，利用好它，就能成為人們眼中的「人物」。

　　在公司的新人座談會上，人事部經理要求每個參與會的新職員都要作自我介紹。

　　此時，因為是剛剛入職，許多人都是簡單地客觀介紹了事。然而張耳的表現卻與眾不同，他在綜合介紹完自己之後，還著重介紹了自己在就學期間曾在學生會裡的任職和代表學校參加演講比賽，說明自己有較強的組織管理能力和較強的文字組織和語言表達能力等等。介紹完，張耳還用一首〈我的未來不是夢〉來表達自己的心情。儘管他的歌聲並不動聽，但是他卻引來了全場的目光。

　　結果，那天的座談會是人事部主任用來給每一個新職員定位的依據。張耳那天的表現，給經理留下了深刻的印象，所以給他安排的職位是所有新人中最高的。然而，張耳也沒有讓經理失望，憑著自己實力在工作中表

現一直很出色。

看過張耳的故事，你還在甘心一輩子只做「綠葉」嗎？你難道不想當公司裡的明星，風光一回嗎？你難道不想讓別人對你過目不忘、羨慕不已從而崇拜你嗎？為什麼不能給自己一個機會，讓自己成為那個萬眾矚目的人呢？在辦公室中，在公司的例會上，在企業的交流會上，你不妨試試以下三點，來讓自己成為大家眼中的焦點人物。

1. 隨身攜帶記事本，給人一種成功的感覺。

你在社交中能展示「成功」的一些小細節，而在這些細節表現當中，最具效果的，莫過於隨時利用記事本這一「成功」道具。因為，在人們心目中，成功人士都是很忙的，日理萬機，所有的日程一般在幾天前就已訂好，由於所見的人物都非比尋常，要處理的也都是重大事項，不能隨便變動。所以，如果你有這些細節表現，人們就會認為你很成功、很能幹。

事實上，「成功」人士就算知道自己某一天有空閒，在與人約定時間時，也會拿出記事本裝作要確定自己那天是否有時間，讓對方對他的「業務繁忙」、「事業成功」留下很深的印象。而且，邊看記事本邊約定時間，還可以給對方留下做事謹慎，重約守信的好形象。

2. 善於利用手勢。

手勢若使用恰當，不僅能很好地表情達意，而且能增加你的社交魅力，突出自己的個性。經研究證明，人們更容易記憶自己親眼看到的動作，而對聽到的聲音，則因情因境因人各有不同，所以，在說話時巧妙地使用手勢，更容易給對方留下深刻的印象，令人對過目不忘。

恰當地運用手勢，可以使你的形象更加生動鮮明，但是，手勢的使用應該以幫助自己表達思想為準則，不能過於單調重複，也不能做得過多。

反覆做同一種手勢會讓人感覺到你的修養不夠，有些神經質；不停地做手勢，隨便做手勢，更會影響別人對你說話內容的理解。所以，手勢要用得恰到好處，有所節制，否則，就會產生適得其反的作用。利用記事本，讓別人作出你很成功的判斷

3. 讓你魅力倍增的言行

具有幽默感，不僅能給你的事業帶來極大的好處，而且會讓你的形象更有魅力。幽默可以消除緊張情緒，創造一種輕鬆愉快的工作氛圍，從而讓你的事業更為成功。它同樣也是塑造完美社交形象的一個因素，每當面臨人際選擇時，絕大多數人都願意與那些有幽默感的人打交道。

讓自己成為焦點人物，和打造名人效應是一個道理，讓老闆記住了你，發現了你的優勢，升遷加薪的時候，通常第一個想到的就是你了。

【職場點兵】

讓自己成為萬眾矚目的焦點，需要勇氣和實力。試著後一次厚著臉皮，出一次風頭，有朝一日，站在講臺上接受大家注視的人已經非你莫屬了。

※ 職場便利貼 —— 你是否善於表現自己

1. 你在搭乘電梯裡，遇見了人力資源部主管，你會：

    A. 跳過自己要去的樓層，跟隨她去的所在那一層

    B. 和她討論關於你休年假的問題

    C. 關心地問她的家人最近好嗎

2. 公司制定了嚴格的業績考核制度，每個月都會有一次考評：

    A. 你總是能在月底前按時完成任務

    B. 這種參與性太強的革新不太符合你的風格

    C. 最後你成了那個制定考核計畫的人

3. 有一天老闆電腦出現了故障，突然沒辦法收發信件了，他很著急，
    這是你會：

    A. 你忙前忙後地打電話處理，找技術人員修理

    B. 你坐在位置上默默觀察，試圖找到解決方式

    C. 平靜地告訴老闆：「這應該是網路問題。」

4. 老闆的貼身助理要離職了，而你心儀她的位置已經很久，這時你
    會：

    A. 請人力資源部主管大吃一頓

    B. 悄悄地把一份禮物放到她桌上

C. 在下一次例會時，微笑著主動坐到老闆的旁邊

5. 在公司會議上，當大家意見無法統一時，你通常會：

A. 做老好人讓大家各退一步，或是當牆頭草兩頭倒

B. 站起來說：「這麼討論下去不可能有結果！」然後離開會議室

C. 奇蹟般地想出一個萬全之策讓大家都心服口服

6. 吃午餐的時候，你喜歡：

A. 和身家至少高於千萬的客戶吃飯

B. 對著電腦吃外送的便當

C. 每週和上司一起吃一頓，剩下的幾天和同事或好朋友一起吃

7. 老闆宣布要去美國出差兩個禮拜，你會：

A. 依依不捨地目送他出門

B. 高興地錯把鹽當成了糖放進咖啡

C. 祝他一路順風並承諾在他回來之前一定擬好客戶企劃書

8. 在一次公司聚會上，老闆再次講起了一個老掉牙的笑話，你會：

A. 傻笑著聽

B. 等他講完後，再講一個比他更有創意的笑話

C. 認真地聽，在好笑的地方適當地給予配合和回應

9. 面試時，當你被問道：「你是個能和別人融洽相處的人嗎？」你會做什麼回答：

A. 「我通訊軟體上的 914 個朋友就是最好的證明」

B. 把手機調成振動，讓它在桌子上不停地發出「嗡嗡」聲

C. 先表示肯定，然後條理分明地舉例說明

10. 一股想加薪的衝動讓你蠢蠢欲動，你會：

A. 給老闆泡上一杯咖啡，邊吹氣邊端到他面前

B. 不停地在老闆辦公室門口來回走動，企圖引起他的注意

C. 和老闆預約時間，告訴他你有很重要的事情要找他談

結論：

答案中 A 最多：你是個太愛表現的人。你表現的動力來自於你的野心。為了用出色的表現來推動事業的發展，你的眼睛靈敏地捕捉每一個可以表現的機會。自我表現並不是壞事，但一旦過了頭會引火上身，尤其是當你不惜犧牲別人的利益往上爬時。萬一有人發現了你的野心以及吹噓拍馬屁的虛偽面孔，你就很有可能成為眾矢之的。

答案中 B 最多：你是個不善於表現的人。你的動力同樣是你的野心。但區別在於你用錯方法了。你認為你躲在人群中毫不出眾或者是用自以為是的方式來吸引老闆的注意就能遇到升遷加薪的好事了嗎？ 老闆不會戴著顯微鏡去發現你這樣的「人才」，他也不是你肚子裡的蛔蟲，能明白你的表現方式。大多數老闆看中的是成果，而不是你身體裡的潛能。是金子肯定會發光，但前提是你的光芒要能被看見。

答案中 C 最多：你是個善於攻心計的人。你懂得事物之間的平衡關係。你知道自己要的是什麼，也知道應該向誰提出怎樣的要求，知道一杯咖啡裡加多少糖最適合……你的態度永遠有禮有節：既不高傲，也不謙卑。有時候，你就像個預先設定好程式的機器人，永遠正確地執行既定的程式。你凡事都能做得滴水不漏，是老闆賞識的好員工。只不過，找一天讓自己完全放鬆下來，不用算計，不用偽裝，做一回真實的自己。

第六章
應變力提升工作力

　　應變力，是指人在外界事物發生改變時，所做出的反應，可能是本能的，也可能是經過大量思考過程後，所做出的決策。應變能力是當代人應當具有的基本能力之一，我們每個人的應變能力可能不盡相同。

　　在 21 世紀的職場中，應變力要求作為職場人士的你，能夠對工作中的突發狀況和一些棘手的問題，以最快的速度作出相應的解決方法。這對初入職場的你來說，是一個比較高的要求，但是也是你不得不具備的優勢，在這一章中你可以檢驗出你的應變能力有多強。

■ 緊要關頭，只有冷靜救得了你

　　如今的工作節奏越來越快，繁雜的事務決定了在我們的工作當中，各類職場風險會層出不窮。職場中看似微不足道的不當行為，可能在各方面影響企業發展。然而職場風險表現形式又日益多樣化，而且相當一部分事件具有突發性和不可預測性。我曾經在雜誌上看到過這樣一則故事：

　　一個年僅 20 歲的青年由於家庭貧困輟學，他來到工地挖隧道，不料第一次走進隧道就岩石坍方，當時局面難以控制，被困住的人都幾乎變得瘋狂。他也差點控制不住自己，但是他腦海裡閃現出這樣一句話──「在緊要關頭，只有冷靜救得了你」。

　　他冷靜了一下，決定試著控制局面，他努力使自己的聲音變得很沉穩：「我是新來的工程師，想活命嗎？想活命就聽我的！」黑暗中，幾個人漸漸安靜下來。他又向受困的四個人發號施令……第五天，他們終於獲救。當記者採訪他時，他只說了我們經常聽到的一句話：「因為冷靜，在緊要關頭，只有冷靜救得了你。」

　　報紙上沒有說這個年僅 20 歲的年輕人是怎樣對被圍困的人發號施令的，但是有一點可以肯定的是，如果沒有他的沉著冷靜，當時那種混亂的局面很可能會引起再次坍方，在生死關頭還能如此沉著冷靜實在讓人佩服。而面對突發狀況時，最需要的就是沉著冷靜。

　　古代的兵書如《孫子兵法》中就一再強調，將領的沉著冷靜是制勝的一個關鍵因素。三國時期諸葛亮的空城計就是歷史上的永久傳奇。魏晉時

期的謝晉，面對前秦的八十萬大軍，仍在家中與友人下棋，一切的戰局只在他的帷幄之中，那是何等的自如。

　　職場就像個一個小型的社會，常常是瞬息萬變，你不知道下一秒中將會有什麼風險出現在你面前。面對風險，慌張只會讓你陷入僵局，要是再加上額頭上斗大的汗珠，那麼還沒等你試圖挽回，勝負就已經定局了。所以，遇到突發狀況時，要立刻使自己鎮定下來，在冷靜中，自己的思路才能清晰，才能想出更多更好的解決方案。

　　在一次大型產品推銷會上，趙明向一大群客戶行銷一種鋼化玻璃酒杯。在他進行完產品的說明後，他就向客戶做產品示範，把一隻鋼化玻璃酒杯扔在地上，為的是證明杯子不會破碎。可是他剛好拿了一個品質差的杯子，猛地一丟，酒杯摔碎了。

　　這樣的事情在他整個銷售酒杯的生涯中還未發生過，他感到非常吃驚，一時真不知道該怎麼收場了。客戶更是目瞪口呆，原本他們已經相信了趙明的銷售說明，只不過想親眼看看以得到一個證明罷了，結果卻出現了如此尷尬的局面。

　　這時候，如果趙明讓這種沉默繼續下去，不到3秒鐘，一定會有客戶直接拂袖離開，交易會因此遭到否決。想不到的是張明並沒有流露出驚慌的情緒，反而對客戶們笑了笑，然後沉著並幽默地說：「你們看，像是這樣的杯子，我就不會賣給你們。」大家一聽，禁不住大笑起來，氣氛一下子變的活躍起來，緊接著，他又接連丟了3個杯子都成功了，再次博得了信任，很快就簽成了幾筆大訂單。

　　不慌不亂的沉著冷靜是人的一種優秀特質，每一個出眾的人都應當具備。所謂的急中生智，若沒有冷靜的因素在其中，也不會生出一點解決問

題的機智。所謂的勇者無畏，若沒有沉著的心理素養，怎麼可以面對一切的壓力。在眾人的慌亂無措中，誰如果能夠沉著理性地面對事情，他就會是事情的最終解決者。

在優勝劣汰的法則下，職場是沒有什麼情面可講的。優者勝、劣者汰，這個規律是不可抗拒的。一個企業也許會在一夜之間破產，一批員工就要被資遣。在殘酷的現實面前，要求每個職場人員學會應對職場的風險。風雲變幻的職場也是對人生的考驗，而職場中的風險是對人生的一次考試，能否從容應對，經得起挫折對自己的考驗，心理素養是否堅強成為關鍵。

身在職場，在心理上必須做好這樣的準備：一是要有應對各種風險的準備，從最壞處著想，向最好處努力；二是遇到挫折後，頭腦要冷靜，要進行客觀分析，然後找出克服挫折的方法。

【職場點兵】

化解職場中的風險，既是一種心態，也是一種能力，只有時刻保持風險的意識，並且能夠沉著冷靜的對待，才能夠在風險面前坦然自若，最後化風險為平靜。

■ 換一種思路覓得另一種出路

　　職場中，難免會遇到一些棘手的問題，當你費盡了心思也沒有找到解決問題的途徑時，想一想你是不是走進了死胡同？此時，換一種思路，也許你會發現新的出路。

　　凱斯頓是美國紐約 20 世紀福克斯公司的電影製片人，製作了 20 年的影片，他認為這是他唯一能做的工作。可是突然有一天，他丟掉了飯碗，他沮喪極了，不知道該怎麼辦。因為他不知道自己除此之外還能幹什麼。

　　有一天，他正心灰意冷地在大街上走，正好遇到了過去的一位同事。這位同事的一番話及時調整了凱斯頓的心態，使他走出了人生的低谷，開始邁向了成功的人生。

　　凱斯頓後來回憶他們當時的對話：

　　「他對我說：『你擔心什麼 —— 你的本事很多！』我記得自己非常沮喪地說：『真的？我有什麼本事？』他告訴我：『你是一個了不起的推銷員。這麼多年來你不是一直把許多電影構想推銷給總公司的人嗎？天知道，你都能推銷給這些老奸巨滑的人，你就能把任何東西推銷給任何人。』

　　接著他說：『另外，你還是一個寫宣傳企劃的高手。你一直為自己的影片寫出最好的宣傳企劃，所以你做這一行一定沒問題。』然後他不經意地又說了一句話：『不用說你最擅長的是讓一大堆人在一起工作 —— 這本來就是製片人的職責。所以你或許可以開一家自己的演員經紀公司，大賺一筆，依我看來，你能選擇的出路多得很。』

● 應變力提升工作力

他在我的肩膀上拍一把，我們就告別了，但是我在那個街角又待了許久。短短幾句話改變了我的人生。」

凱斯頓聽了朋友的話，及時調整了自己的人生方向，開始了新的人生，現在他擁有了自己的公司，獨立承接宣傳企劃，當然是以電影業為主。凱斯頓成功了。

凱斯頓思維經歷說明，有時成功只在於你的思路，你的思想有多少種，你的出路就有多少種。換一種想法，換一種思路，事情往往就能達到你意想不到的效果。

尤其是在工作中，對待工作中一些費解的問題，關鍵就在於你怎麼想，你能想到它的好處，他就是一條好的出路，你只想到他的不足之處，那它就是一條死胡同。

在生產皮鞋這個競爭相當激烈的行業裡，一家皮鞋生產商卻一直穩居全國銷售排行榜的前幾名。曾經有不少的商人都向這個工廠的老闆討教祕訣，這個老闆都說這是商業機密，不能透露。

後來這個老闆漸漸老了，他把自己的事業漸漸地交給自己的兒子去掌管。他的兒子年輕氣盛，進公司不久，就想要進行一次改革。他向父親請示，想解散維修部，因為他認為那是一個形同虛設的部門，大多數人都是穿壞的鞋就會丟掉，即使是有回廠維修的也很少，根本不夠整個維修部的開支。

可是這位老闆堅決不允許，說這個工廠能夠從眾多的競爭者中脫穎而出，全靠了維修部。他的兒子不以為然。這位老闆治好語重心長的解釋道：「你最常穿的一雙皮鞋是不是你最喜歡的皮鞋？」「是啊。」兒子不可置否的回答。「那如果你的這雙鞋壞了怎麼辦？」「扔掉或者是重新買都

可以啊。」「可是如果你的這雙鞋恰好是你最喜歡的款式，而且這鞋的價格也很高，那你怎麼辦？」這時兒子才恍然大悟，「當然是退回去修了。」

能夠買得起高檔皮鞋的大多是一些比較富裕的人，如果不是自己十分中意的款式，是絕對不會退回去修的。這個工廠的維修部負責修理顧客退回來的皮鞋，其實只是他們工作的一小部分，他們最主要的工作是發現哪一款皮鞋是回廠最多的，那麼種款式的皮鞋一定是最受歡迎的，那麼就會馬上匯報給生產線，讓生產線多生產這一個款式的皮鞋。如果有的款式從來沒有回廠的，就會立即停止生產。

這位老闆正是用了這種與眾不同的思路，為自己的工廠開闢了一條廣闊的發展之路。所謂的成功也就這樣簡單，只要你能夠想到別人想不到，能夠有多方面發展的思維，那成功的道路就會在你的腳下延伸。相反，那些只有死腦筋，不懂得變通的人，只會使自己的路越走越窄。

【職場點兵】

無論你從事哪種行業，都不要把自己放進牛角裡，那樣你的發展道路只會越走越窄。成功之路其實就在某個轉彎處等著你，多讓你的思路轉幾個「彎」，你自然會和成功相遇。

■ 墨守成規的人終會絆倒自己

社會是不斷向前發展的，隨著時間的推移和環境的改變，我們會發現，以前許多對於我們來說相當行之有效的方法已經漸漸跟不上時代的步伐。曾經為我們解決過許多工作上的難題的經驗，運用到今天已經不再是良方，而是絆腳石了。

無論什麼事情都在我們不知不覺中轉變了。很早以前，我們的衣服都是一針一線縫製成的，做一件最快的也要一兩天的時間，還是手工比較粗糙的。而在當今的社會，一個製衣廠一年就可以作出 400 萬件的衣服。如果發展到今天，我們依然遵循的是以前做衣服方式，那麼將有很多人穿不到衣服。所以，為了跟上時代的腳步，適應社會的發展，在工作中我們要及時地改變我們的方法，絕不能墨守成規。

有科學家做了這樣一個實驗，把一隻小白鼠放進一個玻璃容器中，然後再放進一些事物進去。

第一天小白鼠在一個新的環境中十分好奇，牠轉來轉去，直到確認這是一個安全的環境後才安靜下來。肚子餓了牠就吃容器裡面的食物，一連三天都是這樣。第四天的時候，科學家在容器中又放入了一塊玻璃，隔開了小白鼠和食物。當小白鼠餓的時候，又習慣性的走過去吃食物，可是這次，牠被玻璃擋了回來。一次又一次，直到牠被玻璃撞得頭暈眼花，才放棄了繼續去吃食物的念頭。

科學家看小白鼠餓到不行了，就把那塊玻璃拿開了，可是小白鼠只是

遠遠地看著，卻並不動身過去吃。眼看就要奄奄一息了，科學家只好把食物放在小白鼠的眼前，可是那塊玻璃已經植入小白鼠的心中了，即使是食物近在眼前牠也沒有想過去吃。

最後小白鼠自己把自己餓死了。

小白鼠是動物，牠的智商也許僅限於此。小白鼠代表了工作中的一類人，他們按照老一套的模式處理事情出現的問題，他以為有那麼多人都按照這個方法解決過問題，那麼自己也可以。殊不知，這套模式已經過時。當行不通時，他就會抱怨「明明就應該這樣解決的，為什麼現在不行了」，卻沒有想過透過一種全新的方法來解決。

不管是哪個行業的公司都不願意僱用「小白鼠」一樣的員工，因為他們陳腐守舊的思想只能阻礙公司前進的腳步，而每一個公司都是希望自己能夠發展得越壯大越好。如果你是一個凡事都要按規矩，事事都要講經驗的人，那麼你應該重新審視一下自己，你是否適應了當今職場的變幻莫測。只有那些能夠根據事態發展及時打破傳統，改變方法的人才能適應瞬息萬變的職場。

1956 年，美國福特汽車公司推出一款新車。這款車無論是從外形還是功能方面都是十分令人滿意的，而且價格也不貴，但是卻銷路平平。公司的經理們個個絞盡腦汁地想辦法，以往的一切銷售手段似乎都派不上用場了。

這時，在福特汽車銷售量居全國末位的費城地區，一位畢業不久的大學生艾柯卡對這款車產生的濃厚的興趣。他當時是福特公司的一名見習工程師，與汽車的銷售毫無關係。但是，公司的老總因為這款新車滯銷而著急的神態深深的印在了他的腦海裡。

怎樣才能打破這種僵局呢？他開始琢磨起來。終於有一天，一個念頭在他腦海中一閃，內容為「花56元買一輛56型福特」。具體的做法就是凡是購買1956年生產的福特新車的顧客，首期付款只需支付車價的20%，餘額分三年結清，每月付56元。這種付款方式差不多人人都負擔得起。

這個創意一提出，就得到了公司的採納。「花56元買一輛56型汽車」的廣告，很快就人人皆知了。這樣不但打消了人們對車價的顧慮，還給人留下了每個月才花56元的實惠印象。短短幾個月過去，這款汽車就在費城地區的推銷量躍居全國的榜首。

歌德說：「我們必須不斷地變革創新，充滿著青春活力；否則，就會變的僵化。」在職場中，當我們原有的經驗已經與環境不相適應的時候，我們就該改變以往的老經驗，立即轉變我們的思路，這樣才能更快地找到解決問題的方法。

人們的思維是廣闊的，要充分展示聰明才智，就必須突破固定思維的束縛。只懂得死守規矩，而不懂得根據事情的變化而變化的人，迎接他的將是失敗。

【職場點兵】

在今天職場中，只有那些大膽創新，勇於挑戰自我的人，才能成為時代的先行者。反之，你將是時代的淘汰者。

■ 漂亮收拾好「爛攤子」

　　假如有一天早上你剛到公司，就看見經理坐在你的辦公室裡等你，見你的第一句話就是「你闖禍了！」作為總經理祕書，你竟然忘記寄送一張關乎 300 萬元訂貨合約的草稿，由於你的疏忽，公司拿下這筆生意的時間把握又減少了一些，要知道在這個瞬息萬變的社會中，延後一天簽合約，就意味著多給競爭對手一點機會，給公司帶來危機。

　　此刻你的該怎麼辦呢？是像鴕鳥一樣，自欺欺人地把頭深深地埋進沙子，等待命運的發落嗎？那你就錯了，在職場裡，無論你身在哪個部門，旁邊都多少有添油加醋，傳播你醜聞的人。如果你不正面你的錯誤，漂亮地收拾爛攤子，就只能任由這宗「醜聞」無情地吞噬著你的前途了。

　　大部分人面對危機時，很容易大腦短路，眼前一片茫然混亂，或者是抱頭痛哭，或者是臉色蒼白、瑟瑟發抖，一不小心就把自己最怯懦的一面表現出來了。其實每個人都有脆弱的一面，但是為了自己的前途著想，也要「打腫臉充胖子」，不要把自己一反常態、驚慌失措的樣子展現在同事和主管的面前，那樣大家會對你的能力打個大問號。

　　遇到這樣的情況，你首先要給自己吃一顆定心丸。捫心自問，最糟糕的結局是什麼？例如被扣掉當月的薪水，通報上級，最嚴厲的懲罰也不過是被公司解僱。扣除薪水，大不了就不去夜店，不買衣服；被公司解僱，那就另謀高就。無論是哪一種結局，你都要做到盡力把自己手中的殘局收拾漂亮。

● 應變力提升工作力

　　王薇是一家電子公司的行銷宣傳，在最近一次舉辦的新品發表會中，竟然把邀請名單搞錯，漏掉了一位相當重要的大客戶。自知闖了大禍的王薇經過冥思苦想，決定將錯就錯，加班加點為這位大客戶辦專場新品發表會，並且告訴他，由於多年的生意往來，合作相當愉快，希望進一步加強與他的交流，所以對他單獨邀請，以方便他的訂貨。至於額外的費用，王薇決定自己承擔一半。帶著這個方案，王薇來到了老闆的辦公室，她欣喜地發現，老闆看完報告後面色由慍怒轉為平靜。

　　即使已經是多雲轉晴，王薇仍然沒有忘記表現出改過的誠意，她一字一頓地告訴老闆：「我知道自己犯了相當嚴重的錯誤，真的非常抱歉，請相信，我能夠汲取教訓，下次不會再犯了。」危機之後必有轉機，王薇透過第二次新品發布會，不僅與這位客戶冰釋前嫌，反而建立了更加親密的合作關係。

　　王薇的做法是值得我們效仿的，在工作中闖了禍，沒有什麼大不了，關鍵在於你能不能去面對，能不能及時得作出補救。職場上，那些敢作敢為的人比膽小鬼的聲譽好的多。犯了錯誤，這是無可爭辯的事實，沒有任何藉口可以開脫。往往越是欲蓋彌彰，想把自己從錯誤中「分離」出來，越是讓人覺得你沒有責任感。聰明的人會勇於承擔自己的錯誤，並想盡辦法去解決。

　　如果你不幸在工作中遇到了危機，你不妨參照一下幾點來挽救。

　　犯錯誤不等於失敗。與失敗者相比，成功者通常不怕犯更多的錯誤，他們屢次從失敗的閱歷中取得難得的經驗，汲取錯誤的啟示，一次一次更接近成功。

　　合格的老闆都知道，一個勇於嘗試但又犯了錯誤的員工，遠遠勝於因

循守舊謹小慎微的員工，所以會給無心犯錯的你更多的包容和諒解。

危機之後很可能潛伏著轉機。因為每個人都有從未釋放的潛能，往往在深處危機時，為了自救才能全面爆發，並且創造出前所未有的工作方法。

不要因為錯誤而停下腳步，誤以為「多做多錯，少做少錯」。倘若因為犯錯誤而認定「不做不錯」，對工作喪失了主動性，那麼，好機遇可能在你的畏縮中流失。

按照這四點去做，相信你一定能將爛攤子收拾地乾淨俐落。

【職場點兵】

不怕你犯錯誤，就怕你不承認錯誤。一個能把危機變成轉機的員工，才能夠獲得老闆更多的青睞。

■ 人際角鬥智者勝

在職場中，考驗我們應變能力的不僅僅是來自於工作中的各種困難，各種危機和各種意外的狀況，還有就是讓很多人都應接不暇的「人際角鬥」。如果說職場上複雜多變，那麼人心更是如此，想要在職場中遊刃有餘，處理好工作上的事情是僅僅不夠的，還要兼顧人際之間的關係。

每個人都是不同的，僅在性格上的表現就千差萬別，其中有些人是不容易打交道的，比如死板的人、傲慢的人、自尊心過強的人等等。

要想和各類同事輕鬆相處，就需要練就一定的處世功夫，根據對方的性格特點，採取不同的策略，靈活應付，達到交流的目的。

（1）對死板的人，要熱情而有耐心

比較呆板的人對人一副冷面孔。你熱情地和他打招呼，他也是愛理不理的樣子。死板的人興趣和愛好也比較單一，不太喜歡和別人來往。但他們也有自己追求的目標和關注的事，不過不輕易告訴別人罷了。

與這一類人打交道，他冷若冰霜，你不必在乎，應該熱情洋溢，以你的熱來化解他的冷，並認真觀察他的一言一行，一舉一動，尋找出他感興趣的問題和比較關心的事情。要是你和他突然有了共同的話題，他的那種死板會蕩然無存，而且會表現出少有的熱情。

和死板的人打交道你一定要有耐心，不要急於求成。這種人，很注重自己的那種心理平衡。不願意讓那些煩人的事情干擾自己的情緒。從他們的角度來考慮問題，維護他們的利益，慢慢地促使對方接受一些新鮮事

物，逐漸地改變和調整他們的心態。這樣一來，就可以建立起比較合得來的關係。

（2）對好勝的人，忍讓要適可而止

這種類型的人狂妄自大，喜歡炫耀，自我表現總是不失時機，力求展現出高人一等的樣子，好像自己什麼都比別人強。他們不分場合地挖苦別人，不擇手段地抬高自己，在各個方面都想要占上風，好攀高枝。

同事中對這種人，打從心裡是看不慣的，但為了顧及他做人的面子，不傷大家的和氣，總是時時處處地謙讓著他。在有些情況下，他爭強逞能，把你的遷就忍讓，當做是一種軟弱，反而更不尊重你，或者瞧不起你。所以對這種人，要在適當時機，挫其銳氣，使他知道「山外有山，人外有人」，不要不知道天高地厚。

（3）對城府深的人，要有防範

城府很深的人一般都善於心計，他們在和別人交流時，總是把真面目藏起來，希望多了解對方，從而能在交流中處於主動的地位，周旋在各種矛盾中而立於不敗之地。

他們的較深的城府，也是有經歷的，要嘛是受到過別人的傷害，要嘛是經受過挫折和打擊，才會對別人存有一種戒備和防護的心態。這種人對事不缺乏見解，不到萬不得已，或水到渠成的時候，他絕不輕易表達自己的意見。

城府很深的人打交道，你一定要有所防範，不要讓他們完全掌握你的全部祕密和底細，更不要為他們所利用，或是陷在他們的圈套之中不能自拔。

（4）對性急的人，要避免爭吵

遇上一個性情急躁的人，你的頭腦一定要冷靜。對他的莽撞，你完全可以採用寬容的態度，一笑置之。

（5）對刁鑽刻薄的人，保持相應的距離

刁鑽刻薄的人，是不受同事歡迎的人。這一類人的特點，是和人發生爭執時喜歡說人長短，且不留餘地和情面；冷言冷語，挖人隱私，手段卑鄙，往往使對方丟盡面子，在同事中抬不起頭。

這一類人常常以取笑別人為樂，行為離譜，不講道德，無理三分，有理不讓人。碰到這樣一位同事，要和他拉開距離，盡量不去招惹他，吃一點小虧，受一兩句閒話，也裝作沒聽見，不惱不怒，不自找沒趣。

把身邊的人分了類型，就能夠做到別人喜歡什麼，可以給你什麼。辦公室中的人際關係之所以讓人難以應付，並非由於對方的技能或是知識不足，而在於他們的個性。因此，對待不用的風格習慣要有不同的應對策略。這樣才能在形形色色的人中遊走自如。

「人際角鬥」最忌諱的就是與人針鋒相對，聰明的人會懂得求同存異，尊重認可他人。在一個團隊中，也不會拒絕和他人合作，他們能夠和每個人相處得很愉快，因為他們能夠很快地轉變自己在不同人面前的角色。

【職場點兵】

學會看人，是一種很重要的技能，往往在對人能夠做到應對自如的人，面對工作的變故也能做到及時的轉變。

■ 發現眼色背後的行事祕密

　　提到「余則成」這個名字大家一定不陌生，就是熱門電視劇《潛伏》中的男主角，不得不承認的是，故事中的余則成確實是一個職場中的典範。他最突出的一個特點就是善於領會領導的意圖，這也是他為什麼能夠一直得到上司重用一個很重要的因素。

　　在工作中不要什麼事都等著老闆吩咐才去做，或者在做的過程中無法弄清楚明白老闆和上司的意圖，這樣即使你花費半天完成了，也難取得很好的效果。所以在職場中，能否看得懂上司和老闆的「眼色」是一項職場中很重要的技能。

　　然而，在現實的職場中，令人遺憾的是許多人對此很忽略。在工作的過程中，他們僅僅是很機械地去執行，沒有想過老闆或是上司讓他們做這件事情的意圖是什麼，目的是什麼，導致工作做了，但是卻沒有獲得老闆與上司的好感。

　　部門經理讓王斌做一份總結報告，並叮囑說：「越詳細越好。」聽了經理的話，王斌用了三天的時間，勤勤懇懇地把近期的工作都詳細地寫了出來。經理看過這洋洋灑灑幾萬字的工作報告時，無奈地直搖頭。

　　原來上司要來檢查工作，近期涉及到人事調動、員工福利等許多問題，這才是經理想要的重點。而王斌寫的卻是把經理開過幾次會，見過多少個客戶一五一十地寫了出來。面對王斌的「敬業」，經理又不能批評他什麼，只好把要求重新再說了一次，讓王斌再寫一遍。

● 應變力提升工作力

　　當你沒有把握是否充分地了解了老闆的意圖時，應該在接受老闆指示的時候，仔細地詢問，不要像王斌一樣，自己努力了，但最後卻沒有得到老闆的認可。

　　一般來說，上司的意圖通常會以三種方式表現出來，一是明說，二是暗示，三是沒有任何表示，需要你自己的悟性和揣摩。

　　明說的意圖好辦，除非話裡有話，或者口是心非，否則很容易理解。上司一旦口是心非，要嘛是他還未考慮成熟，只是本能的在自言自語；要嘛就是另有隱情或尷尬，不得不如此掩飾。總之，上司辭不達意一定有其道理，憑你對上司的了解，應該能夠辨別上司的意圖。

　　處事果斷的上司，大多會用明說而不是暗示的方式來清楚地表明自己的意圖，而喜歡暗示的上司，如果不是因為處事謹慎，那一定是比較講究策略。你要能夠做到及時應對老闆的突然改變，並且做出解決的方案。

　　蘇瑾的上司總是會交代她做很多事情，有時候一分鐘就說了好幾個。常常他自己交代完都會忘記自己曾經交代過什麼。剛開始的時候，蘇瑾也忘記。時間長了，蘇瑾了解了上司的習慣，再碰到上司交給自己任務的時候，蘇瑾就會拿筆記本隨時寫下來，然後根據自己對上司的了解，分出輕重緩急，然後再逐一去辦妥。

　　有一次，經理很生氣，讓她發給客戶一封解約的合約，說那個客戶不講信用。蘇瑾知道上司的脾氣比較急躁，尤其是在氣頭上的時候更容易做出一些衝動的決定。而自己的公司與那個客戶一直合作得不錯。於是，蘇瑾沒有馬上發郵件給那個客戶，等到快下班的時候，蘇瑾感覺上司的氣快消了，就小心翼翼地問道：「經理，還要不要發郵件給他們？」經理看了看蘇瑾，笑著說：「真是謝謝妳，這麼了解我。避免了錯誤的發生。」

　　蘇瑾的辦事能力很快得到上司的認可，在職場上很快就升遷了。

　　有時，老闆對於自己作出的一些決定，常常自己心裡也沒有底。碰到這樣的老闆，蘇瑾依舊能夠揣摩出老闆的心思，說明蘇瑾是一個十分用心的人，也是一個應變力是非常強的人，這是值得我們去借鑑的地方。

　　但與此同時，也應該意識到這是對你應變力的考驗。我們首先應該做到的是，讓自己冷靜下來，耐心等待，當摸清楚老闆的秉性和辦事規律，事情就容易解決了。那個時候，你也會成為老闆身邊不可缺少的人。

　　在領會老闆意圖的時候，不要聽老闆簡單地說幾句，就以為自己完全理解了。寫一份報告、出席一次會議、完成一項任務，老闆總會有一定的意圖和目的。首先，你應該明白這項工作處於什麼地位；其次，應該了解老闆有怎樣的需求和處於什麼樣的心理狀態；最後，應該根據老闆的一貫作風和思想來加以完整的理解。有時需要你進一步詢問和商討；有時需要你提出補充和修改意見；有時候需要你提供一些資訊和其他人的經驗教訓提供給老闆參考。

　　這樣一來，如果老闆部份或者是全部採納了你的意見，那麼你和老闆之間的溝通就會更加全面和完善，辦起事情會對老闆的意圖領會更加全面、更加深刻。

【職場點兵】

　　只有成為了老闆或是上司肚子中的「蛔蟲」，你才能夠對他們的指示，按照他們的意願去完成，這樣員工無疑是最得老闆和上司喜愛的。

※ 職場便利貼 —— 你是否具備職場應變能力和危機意識

1. 公司各種重大決策或政策的意圖，你能否正確地理解？
   A. 是 B. 否

2. 如果你的下屬或同事突然離職，而且公司決定不再增加人手，你是否有辦法保證工作不受影響？
   A. 是 B. 否

3. 你每次都能預測公司宣布的重大政策嗎？
   A. 是 B. 否

4. 如果你現在的職位被拿出來在公司內部公開競爭，你有信心重回職位嗎？
   A. 是 B. 否

5. 每次你的同事或老闆升遷、轉職、離職，你都有預感嗎？
   A. 是 B. 否

6. 如果你的老闆突然調走，你是否有把握能勝任這個空缺？
   A. 是 B. 否

7. 你對公司所在行業的發展趨勢是否相當了解？
   A. 是 B. 否

8. 有一天你聽說你現在的職位明天可能被突然取消，那麼你能勝任公

司內部其他職位嗎？

　　A. 是 B. 否

9. 你是否非常清楚公司主要競爭對手的重大人事變動？

　　A. 是 B. 否

10. 你所在的公司突然被收購了，新的老闆要重新招兵買馬，這時你能

　　否在 2 個月內找到新工作？

　　A. 是 B. 否

　　計分標準：回答「是」得 2 分，回答「否」得 0 分。

　　將 1、3、5、7、9 得分求和得出敏銳度分數 A；將 2、4、6、8、10 得分求和得出應變力分數 B。

　　評價參考：

　　如果 A ＞ 5，B ＞ 5：恭喜你，你有很強的危機意識，也有較強的應變能力，豐富的知識與技能使你善於從容應對各種職場變化。對你來說，要想有進一步的發展，關鍵在於更好地做準備，有時行動上再果斷一些，這樣就能獲得更多的發展機會。

　　如果 A ＞ 5，B ＜ 5：你屬於乾著急型，能看到很多變化，但沒有足夠的應變能力。在職場上，你的適應能力一般。因此，你需要從現在開始注意調整為人處世的方式，凡事再積極一些，主動一些，多些靈活性和彈性，切記不要安於現狀。

　　如果 A ＜ 5，B ＞ 5：你應變力不錯，但敏銳度不足，所以生存沒有問題，但無法實現主動成長。在今後的職場生活中，你需要多些時間靜下來思考，分清楚事情的輕重緩急，並對此採取不同的應對方法。人在慌亂的時候往往會分辨不清，而只有冷靜下來，敏銳度才會有所增加。所以，

● 應變力提升工作力

你平時要勤於思考，多學、多看、多聽，增加敏銳力和洞察力，讓職業發展的決策和判斷更為睿智。

如果 A ＜ 5，B ＜ 5：你的職場應變能力較低，隨時都會有職業危機。因此，你需要深刻反省一下，找出讓自己懈怠的原因，尤其是找出自己的工作弱點，並對症下藥，努力提升自己的勝任能力。

第七章
擔起責任是不停前進人的成功財富

　　責任心是指個人對自己和他人、對家庭和集體、對國家和社會所負責任的認知、情感和信念，以及與之相應的遵守規範、承擔責任和履行義務的自覺態度。

　　作為職場個人來說，責任心意味著你是否能夠意識到自己工作在組織中的重要性，把實現組織的目標當成是自己的目標，這個優勢，對於職場中的你來說是一個非常重要的。本章能夠發現和檢驗你是否具備這種優勢。

● 擔起責任是不停前進人的成功財富

■ 公司裡沒有「他們」，只有「我們」

美國西點軍校認為：

沒有責任感的軍官不是合格的軍官，沒有責任感的員工不是優秀的員工，沒有責任感的公民不是好公民。

在任何時候，責任感對自己、對國家、對社會都不可或缺。正是這樣嚴格的要求，讓每一個從西點畢業的學員獲益匪淺。

我們經常可以見到這樣的員工，他們在談到自己的公司時，使用的代名詞通常都是「他們」而不是「我們」，「他們業務部怎麼怎麼樣」、「他們財務部怎麼怎麼樣」，這是一種缺乏責任感的典型表現，這樣的員工至少沒有一種「我們就是整個機構」的認同感，也就是說，他沒有將自身的角色融入團隊當中。

責任感是簡單而無價的。據說前總統布魯門的桌子上擺著一個牌子，上面寫著：The buck stops here（問題到此為止）。如果在工作中對待每一件事都是「The buck stops here」，可以肯定地說，這樣的公司將讓所有人為之震驚，這樣的員工將贏得足夠的尊敬和榮譽。

有一個替人割草打工的男孩打電話給布朗太太說：「您需不需要割草？」

布朗太太回答說：「不需要了，我已經有了割草工。」

男孩又說：「我會幫您拔掉草叢中的雜草。」

布朗太太回答：「我的割草工已經做了。」

男孩又說：「我會幫您把草與走道的四周割齊。」

布朗太太說：「我請的那人也已做了，謝謝你，我不需要新的割草工人。」

男孩便掛斷了電話。此時男孩的室友問他說：「你不就是在布朗太太那裡割草打工嗎？ 為什麼還要打這通電話？」

男孩說：「我只是想知道我究竟做得好不好！」

多多問自己「我做得怎麼樣」，這就是責任。

工作本身就意味著責任。在這個世界上，沒有不須承擔責任的工作，相反，你的職位越高、權力越大，你肩負的責任就越重。不要害怕承擔責任，要立下定決心，你一定可以承擔任何正常職業生涯中的責任，你一定可以比前人完成得更出色。在需要你承擔重大責任的時候，你應馬上就去承擔它，這就是最好的準備。如果不習慣這樣去做，即使等到條件成熟了以後，你也不可能承擔起重大的責任，你也不可能做好任何重要的事情。

每個人都肩負著責任，對工作、對家庭、對親人、對朋友，我們都有一定的責任，千萬不要自以為是而忘記了自己的責任。對於這種人，巴頓將軍的名言是：

「自以為了不起的人一文不值。遇到這種軍官，我會馬上調換他的職務。每個人都須心甘情願為完成任務而獻身。」「一個人一旦自以為了不起，就會想著遠離前線作戰。這種人是實在的膽小鬼。」

巴頓想強調的是，在作戰中每個人都應付出，要到最需要你的地方去，做你必須做的事，而不能忘記自己的責任。

切記，千萬不要利用自己的功績或手中的權利來掩飾錯誤，進而忘記自己應承擔的責任。

● 擔起責任是不停前進人的成功財富

正確的做法是，承認它們，解釋它們，並為它們道歉。最重要的是利用它們，要讓人們看到你如何承擔責任和如何從錯誤中吸取教訓。這不僅僅是一種對待工作的態度，這樣的員工也會被每一個主管欣賞。

嘗試著去改變你曾經不負責任的工作態度吧，你的上司可能對此已經等待太久太久了。

【職場點兵】

有兩種人是絕對不會成功的，一種是除非別人要他做，否則絕不會主動做事的人；另一種是即使別人要他做，他也做不好的人。那些不用別人督促就主動做好的人，必定成功。

■ 公司不流行「我可能不行」的口頭禪

美國西點軍校 200 年來奉行的最重要的行為準則是 ——「沒有任何藉口」。這以準則是傳授給每一位新生的第一個理念。秉承這一理念,無數西點畢業生在人生的各個領域取得了非凡的成就。

在工作中我們常常能聽到各式各樣的藉口,這些的潛臺詞就是「我不行」、「我不可能」,其實並不是真正做不到,這只是推卸責任的一個說辭罷了。而這種說辭,是剝奪我們成功機會的罪魁禍首,最終讓我們一事無成。

110 年前的美國出版了一本奇書,它一上市就被瘋狂搶購,加印的訂單日益增加,並成為印刷史上的一個奇蹟。美國總統布希曾在這本小硬皮書裡簽名,把它贈送給自己的助手。這本書就是 ——《把信送給加西亞》。

加西亞是古巴起義軍的首領。1898 年美西戰爭期間,美國與西班牙在古巴的領土上開戰,美國為了取得戰爭的勝利,就必須與古巴反抗西班牙的起義軍聯手作戰。於是美國就必須和加西亞取得聯繫,當時美國總統威廉·麥金利寫了一封信給加西亞,可是當時加西亞正在古巴的深山密林中,沒有人知道他的下落。

怎麼把信送給加西亞呢? 這個問題把麥金利難住了。後來美國軍事情報局局長 —— 亞瑟·瓦格納上校推舉一人,說:「如果有人能把信送給加西亞,那麼這個人一定是羅文。」羅文接到任務後,沒有問「加西亞在

● **擔起責任是不停前進人的成功財富**

哪，他長什麼樣，我怎麼找到他」等等一系列問題，而是二話不說，轉身就走。最後不但把信送到了，還帶回了加西亞的回信，乾淨利索的完成了任務。

《把信送給加西亞》褒獎了羅文身上最難能可貴的精神，那就是「主動性」。就是能夠調動身上所有的細胞，主動去完成某項工作，不給自己找任何藉口。現實生活中大多數人工作的時候，總要找些藉口，或不肯盡全力，或不積極主動。比如：

我以前從來沒有那樣做過，或者這不是我做事情的方式。

我從沒接受過適當的培訓來做這樣的工作。

他們做決定的時候根本不採納我的意見，所以這不是我的責任。

他們在許多方面超過我們一大截，我們肯定趕不上他們。

這幾天我很忙，我盡量去做。

當這樣的藉口說了太多遍時，就會形成一種習慣：出現問題不是積極、主動地加以解決，而是千方百計地尋找藉口。把藉口當作是擋箭牌，事情一旦搞砸了，就找出一些藉口來換取他人的理解和原諒。這樣做是掩蓋了自己的過失，取得了暫時的心裡安慰。但那是長期下去人就會疏於努力，致使工作無績效，業務荒廢。不給自己任何藉口，心中只有一個理念，就是 —— 完成工作的任務，那麼你就一定能夠完成。

天色已經暗了下來，這場比賽的優勝者早就已經領獎盃回家了，慶祝勝利的典禮也早就結束了。只有坦桑尼亞的奧運馬拉松選手艾克瓦里還在一個孤零零的跑著。終於他吃力地抵達了體育場，此刻的體育場已經空無一人。艾克瓦里的雙腿沾滿血跡，綁著繃帶，他努力地繞彎體育場最後一圈，跑到了終點。成為了最後一個抵達終點的選手。

這時，享譽國際的紀錄片製作人格林斯潘從運動場的角落裡走了出來。他遠遠看著這一切，在好奇心的驅使下，格林斯潘走向了艾克瓦里，問道：「為什麼這麼累也要跑到終點？」艾克瓦里輕聲回答說：「我的國家從兩萬多里之外送我來這裡，不是讓我在這場比賽中起跑的，而是派我來完成這場比賽的。」

艾克瓦里帶著傷堅持完了整個比賽，雖敗猶榮。如果他想過放棄，絕對有上百種理由在等著他。可是他沒有找任何藉口，沒有任何抱怨，把職責當成了自己一切行動的準則。職場中亦是如此，老闆把事情交給你去做，就要為這件事情完全負責，爭取做到讓老闆說：「你辦事，我放心！」不要尋找任何藉口幫自己開脫，找出解決問題的方法才是最有效的工作原則。

無論你是誰，無論你在職場中處於什麼位置上，都不要習慣給自己找藉口，任何的藉口都是在推卸責任。要時刻保持一顆積極、絕不輕易放棄的心，讓自己能有向前走的力量。

【職場點兵】

在責任和藉口之間，選擇責任還是藉口，展現了一個人的生活和工作態度。永遠不要為自己找藉口，如果你有給自己綁鞋帶的能力，你就有上天摘星星的機會。

■ 對老闆的正確態度：寬容、諒解和幫助

國際人力資源管理顧問——許·安東尼博士，在一堂人力資源管理課上說：「企業家是世界上最苦、最累、最孤獨、最不容易的人。當你將一件事看成是事業的時候，就算有千萬種困難，你都必須去解決；不管有多苦，你都得堅持下去；就算和你一起戰鬥的戰友一個個捨你而去，只要你一息尚存，就必須熬下去。」

職場中，不少人對老闆存在著一定程度上的誤解：認為老闆嫉賢妒能，會阻礙有抱負的人取得成功。但事實上，沒有什麼比缺乏合適的人才更讓老闆頭痛了。

從你上班的那一天起，老闆就已經對你進行了用心的考查。你的能力、品格、習慣、人際關係甚至是性情都在老闆的觀察範圍內。公司畢竟是經過老闆苦心經營的結果，他更希望自己擁有有能力的員工。如果你依然認為老闆在處處為難你，那就是你缺乏對老闆的寬容和諒解了。當我們沒有站在老闆的角度上考慮問題，我們就無法做到理解老闆。

有個老人在河邊釣魚，一個小孩走過去看他釣魚，老人技巧純熟，所以沒多久就釣上了滿簍的魚，老人見小孩很可愛，要把整簍的魚送給他，小孩搖搖頭，老人驚異地問道：「你為何不要？」小孩回答：「我想要你手中的釣竿。」老人問：「你要釣竿做什麼？」小孩說：「這簍魚沒多久就吃完了，要是我有釣竿，我就可以自己釣，一輩子也吃不完。」

我想你一定會說：好聰明的小孩。那你就錯了，最後的結果是老人給

了小孩釣竿，但是小孩一條魚也沒有吃到。因為，他不懂釣魚的技巧，光有魚竿是沒用的，釣魚重要的不在釣竿，而在釣魚的技巧。

職員看老闆，就像是小孩看老人，以為只要有了釣竿就會有吃不完的魚，以為只要坐在辦公室，就有滾進的財源。其實事實並非如此，作為一個老闆，他所面臨的問題，所要解決的困難，是一個普通員工的幾倍甚至幾十倍。每個員工的所承擔的是自己的命運，是整個公司命運的一部分。而老闆所承擔的是整個企業所有員工的命運和整個企業整體的命運。所以說作為一個老闆，他的壓力是一個普通的員工所想像不到的。

老闆作為一個公司的管理者，他當然會常常對我們在工作中發生的問題提出批評，也會常常否定我們的許多的想法。這些會因影響我們對他做出客觀的評價。要知道，管理一家公司是十分複雜的工作，需要處理各種繁瑣的問題，老闆也是當之不易。

而且每個人都擁有自己獨特的人格特質，在別人身上我們可以看到我們希望看到的東西。每個人身上都是優點和缺點並存的，只有透過觀察才能識別。當你面對你的老闆時，應該清楚地意識到，老闆也是一個普通人，對待他應該像對待其他人一樣，不但要寬容他，要諒解他，還要幫助他。

一家大型的企業在人才市場舉行招聘會，前來求職的人數不勝數，大多數求職者都是衝著總經理助理這個職位來的。

然而，當招聘會結束後，在眾多的求職者中，沒有一個人得到這個職位，大家都在議論紛紛之際，主考官告訴大家，這個職位已經臨時決定選擇了公司內部的員工。

由於前來求職的人特別多，再加上當時正值酷暑期間，大廳內溫度非

● 擔起責任是不停前進人的成功財富

常高，眾多求職者的嘈雜聲也讓面試官心煩意亂。就在面試官決定當天暫時停止招聘時，突然發現整個大廳裡的吵雜聲沒有了，當面試官正要站起來想看看發生什麼事時，面試官旁邊的工作人員告訴他，是公司的一個後勤部的小職員在大廳內主動地幫助維持秩序。

面試官聽到這話，心頭一震：自己從事招聘工作這麼多年了，還從來沒有遇見類似這種女孩的主動工作行為呢，像這種積極、主動幫助老闆，替老闆分憂的女孩現在確實還很少見呢，這種行為難道不正是一個助理所要具備的基本要求嗎？

於是，這位面試官立刻停止手頭的工作，並讓旁邊的工作人員把正在大廳後面維持秩序的女孩叫到自己的面前，並向她詢問她為什麼能夠主動站出來維持大廳的秩序，這位女孩拂了拂額前的頭髮，然後面帶微笑地說：「我是公司的一員，雖然這不是我的職責範圍內，但是幫助上司卻是應該去做的。我看現場人聲嘈雜，主動維持一下，也能讓你更加專心地看大家的履歷。」

經過一番問答，主考官得知，這個女孩兒正在自學大學課程，她的好學和主動幫上司分憂，給主考官留下了很好的印象，當即決定由她來勝任總經理助理的職位。

透過上面的例子，我們不難看出，這種看似無意但積極主動的行為正是幫助她求職成功的主要原因。一個能夠看到老闆難處，並能夠主動去幫助老闆的員工，怎麼可能不得到老闆的青睞呢？

不管在什麼時候，只要你還是公司的員工，就要真誠的對待你的老闆。給予老闆更多的寬容、諒解和幫助，設身處地地為老闆著想，不僅僅是為了獲得老闆的青睞，這更是一種美德。

【職場點兵】

支持你的老闆，時時想著他的優點，這是起碼的人生態度和敬業精神。只有這樣，你才會得到老闆更多的信任和支援，也更有利於你的職業生涯發展。

■ 「受僱者」永遠看不到燦爛的明天

我們在為誰而工作？這是一個怎樣看待自己和公司之間的關係的問題。我常常會聽到這樣的抱怨：

「薪水給這麼少，卻要做這麼多的工作，憑什麼？」

「工作就是為了公司，又不是為了自己，偶爾偷點小懶，也沒關係。」

「上班就是為了賺錢，給我多少錢，我就做多少錢的工作。」

「……」

在大多數人的心中，都會認為自己是在為公司而工作。可是我們真的是在為公司而工作嗎？歸根到底，還是在為自己工作。做為公司的員工，你應該想到更多，我能為公司做什麼？我所做的是否對得起我所拿的薪水？你不僅僅是一個受僱者，你更多的是在為自己的未來而努力。

在個人的職場生涯中，一個人無論有多大的本事，你都不能對一個公司產生絕對性的作用，在員工和公司之間，與其說是你在為公司負責，倒不如說是你在為自己負責。公司給我們提供了發展的平臺，為我們的夢想提供了舞臺。所以我們應該感謝公司為我們提供的一切機會，少一點受僱者的心態，全力做好本職工作。

你若是覺得自己只是在給公司做事，只為一份薪水而已，只要老闆不在的時候就混水摸魚，那麼其實你是在給你自己偷工減料。你所做的工作都是在為你自己累積經驗，拓展知識，就像蓋房子一樣，一切都是隨著工作累積起來的。如果你不介意給自己這座大樓拆掉地基，那麼遲早有一天

你將自食自己種下的惡果。

對待自己的工作，只有你付出自己的責任心，才能在工作中有所收穫。只想著自己是一個「被請的」，公司的前途與你無關，而你，只要得到自己應得的回報就可以，這樣的心裡，是無法在工作中取得進步的。

朋友在一家外貿公司，做了不到一年就想要辭職。我非常不解，因為那是一家相當有實力的公司。追問之下才得知，原來他覺得公司雖然好，但是薪水太低了，不符合他所創造出來的價值。

我覺得就這樣放棄很可惜，再加上他本身還準備在外貿這個行業繼續做下去。於是就勸他說：「員工在剛進入公司的時候，待遇都是不高的。這要根據你日後的表現和你所能承受的工作內容來漸漸增加的。你不如先多多熟悉一下業務知識，充實自己，再跳槽也不遲，不要讓自己一年來辛苦累積起來的經驗浪費掉。況且，你的公司培養你這一年，也是付出了精力的。」

數月後，我再見到這位朋友，他沒有了昔日的垂頭喪氣，反而神采奕奕。他告訴我說，他沒有離開那家公司，而是按照我說的那樣，回去努力補充業務知識。上司看到他進步很快，認為他是個可塑之才，準備向上級推薦他到國外去進修。他現在不但加薪，還升遷了。最後他說：「現在感覺自己身上有一個無形的『擔子』在鞭策著他前進」。

當你不能把自己設身處地得置身在你所在的公司，你就無法體會到「擔子」的重量，就不會知道自己所從事的工作是多麼重要，也無法體會到自己的價值。由此可見，當你是以負責的態度對待工作、努力工作的同時，你成就了工作，工作也成就了你。

● **擔起責任是不停前進人的成功財富**

　　同時，我們工作，是為自己，為了父母，為了自己的伴侶，有了孩子還要為孩子，有朝一日發達了，還要為在自己手下工作的員工。少一點受僱者的心態，為自己的理想承擔起責任，相信成功就會離你不遠。

【職場點兵】

　　公司為你提供的發展平臺是不能夠隨隨便便就丟棄的。時刻謹記著，自己不僅僅是一個受僱者，更是一個為自己夢想努力的人。

■ 將職業當成一門事業

德國思想家馬克思·韋伯說：「有的人之所以願意為工作獻身，是因為他們有了一種『天職感』，他們相信自己所從事的工作是神聖事業的一部分，即使是再平凡的工作也會從中獲得某種人生價值。」

最佳員工的標準就是：將職業當成一門事業來做，它的榮譽感和使命感會立即講你工作中的一切不如意一掃而空。作為公司中的一員，首先應該把公司當作是自己的產業，這樣你才能更有責任感地去工作。

小菲在這家公司工作五年了，一直做著祕書的工作。她的薪水只比清潔人員高一點，但她從來沒有抱怨過，一直勤勤懇懇地做好自己的本職工作。

年初，公司的決定做一次的大規模的人員調整，小菲沒有想到的是自己榮升成為經理助理了，薪水漲了一倍以上。不光是小菲自己，公司其他的員工也都無法理解：為什麼得到升遷的是小菲。

這時經理把大家帶到了公司的會議室，會議室的播放機中顯示出每個人每天的工作狀態。原來，公司為了安全著想，安裝了攝影機。這些攝影機就把員工們平時的工作狀態都記錄了下來，成為了這次人事調動的重要依據。

大家看著播放機裡的自己，有利用上班做私事的，也有加班的……看到表現好的自己，都不免抿嘴一笑，看到不盡職的自己時就連忙低下頭。這時，錄影中出現了小菲的身影，應該是她剛剛加完班，此刻的公司只剩

● **擔起責任是不停前進人的成功財富**

她一個人了。只見她收拾好自己的東西，但是去沒有立即離開，而是在公司裡的每個部門都轉一圈，看見有忘記關燈就走的，她就幫忙關上。路過經理辦公室的時候，她停住了，原來是經理也沒有關燈，小菲輕輕地走進去，把燈熄滅了，還順手撿起了經理掉在地上的文件……

「這就是我升遷小菲的原因，因為她真正的把這個公司當成是自己的公司。這樣的人，才能為公司毫不餘力地貢獻自己的每一分力量！」

真正把公司當成是自己產業的人會從工作的細節處表現出自己的主人意識。關一下燈、省一張紙……這些看起來都是芝麻粒大的小事情，往往就是你晉升加薪的重要因素。例如，在很多公司中都存在著一些浪費的現象，如果你真的把公司當成是自己的產業，那麼你就會始終注意尋找節省公司費用的辦法，將公司的資金當成是自己的資金。

每一個組織都希望魚與熊掌能夠兼得，在辦成更多事的同時能夠節省更多的錢。如果處處留心、尋找節省費用的良策，這樣你就會成為一個對老闆更有價值的員工。學著從小事上節約，時間長了，你細心、勤勞、視公司財產如自家財產般節約的好印象，自然會深深地印在老闆的心中。

要想以最快的速度融入到公司之中，你應該樹立起主人的精神，對待公司的一切就像保護著自己的錢包一樣留神。

我們效力的公司，並不僅僅是工作的場所。老闆最希望看見的是：所有的員工把公司當作一個大家庭，每個人都有作為公司主人的意識，每個人都以公司為榮。每一個成功的企業中，都是這樣的員工做後盾的。

惠普公司經營哲學中最成功、最動人之處就是所有的員工都有一個信念「我就是公司」。曾經有一個記者去惠普的一家工廠參觀，見到一位工人在生產線作業時，熱得滿頭大汗，便問他：「為什麼電風扇朝著機器吹

而不是朝著人吹？」這位工人回答說：「機械需要保持清潔，避免蒙上灰塵而損壞，所以要朝著機械吹。」

　　一件小事展現這位員工已經與公司心心相印，人企一體了。想要在公司有所成就，就要學會於公司融為一體。一個將企業視為己有並且盡職盡責完成工作的人，最終將會擁有自己的事業。

　　當你以一個老闆的心態來對待你的公司，把公司當成是自己的產業，你就會成為一個值得信賴的人，一個老闆樂於僱用的人，一個能成為老闆得力助手的人。更重要的是，你能心安理得地沉穩入睡，因為你清楚自己已經全力以赴，已經完成了自己所設定的目標。

【職場點兵】

　　真正為公司著想的員工，是把公司當成自己產業的員工。一旦你把公司當成是自己的產業，公司也會把你當成主人，給你相應的待遇，最終的受益人還是你自己。

■ 在公司演戲的傢伙，不會有鐵桿的觀眾

職場中，有一種能夠約束我們的行為，讓我們自覺地付出努力去工作的東西，這就是「責任心」。對於責任心，是每一個人都應該具備的，尤其是在職場中。

很久以前，有一個國王。他不關心軍隊，也不關心百姓，他唯一關心的就是衣服。每一天每一鐘頭，他都要換一身全新的衣服，然後坐著馬車在街上遊行，為的就是要展示他的新衣裳。

有一天，來了兩個騙子，他們自稱是世界上最偉大的裁縫，他們能做出世界上最美麗的衣服，而且這件衣服不稱職和愚蠢的人是看不到的。國王聽了很高興，就把這兩個騙子留在了王宮中，讓他們給自己做新衣服。這兩個騙子在王宮中過著無憂無慮的生活，每當有大臣來視察的時候，他們就表現地非常忙碌。大臣走了，他們就悠閒地休息。

當國王穿著那其實並不存在的新裝走在大街上時，一個天真的小孩揭穿了他們的謊言。最後他們不但沒有得到期待中的報酬，反而被國王關進了監獄裡。

這個故事中的那兩個「騙子」，就是職場中，那些耍小聰明的人。老闆在的時候就裝模作樣，做出忙碌的樣子，其實他們什麼也沒做。這樣的做法也許能夠在老闆的眼中取得暫時的好感，但是長遠來看，這種行為不但會給公司造成損失，對自己的前程也是一種不負責任的做法。

其實，對我們的工作負責，就是對自己負責。相反，如果你敷衍工

作，工作也會「敷衍」你。實際上，做職場演員是很累的，並不亞於你認真地工作。而且你還要面臨隨時被揭穿的可能。與其把時間都用在精心策劃的表演上，不如踏踏實實地做點事情。

謝偉在一家廣告公司上班，上班沒有多長時間，他就給老闆留下了深刻的印象。因為每一次老闆看見他的時候，他不是再向其他同事請教問題就是埋頭熟悉業務，還常常能看到他打掃整個辦公室的環境。只是同事們對他的評價不是很好，仔細問了原因，卻又沒有人肯說，因為大家都看得出來老闆對謝偉的喜歡。時間長了，老闆心裡非常不解，就在暗中偷偷觀察謝偉。

一日，老闆從停車場一出來就看見了自己公司的窗戶前站著一個人，手拿著咖啡，悠閒地在窗前走來走去，仔細一看是謝偉。看著謝偉望向自己的方向時，老闆故意把頭轉向別的地方。結果不出所料，老闆一踏進辦公室的門，就看見謝偉拿著拖把在拖地，一旁站著一個新來不久的員工，神情複雜，欲言又止。老闆沒有說什麼，徑直走進了自己的辦公室。

快要下班的時候，老闆以工作的名義，把那位新來不久的小員工叫進了自己的辦公室。再三追問和引導下，新來的員工才說出了實情。原來，一大早來了他就開始打掃辦公室了，謝偉在老闆來之前到的，到了就煮了杯咖啡到窗前站著去了。沒多久，謝偉忽然走過來拿走了他手裡的拖把，然後，老闆就進來了。這樣的事情不止一次。不僅僅是這樣，在工作中也常常只有老闆在的時候，他才假裝忙一會兒。新來的小員工把自己最近的不滿都說了出來。老闆聽後，沒說什麼就讓他離開了。

第二天，那位小員工沒有看到謝偉來上班，一問才知道，老闆已經把他辭退了。這位小員工成了同事們眼中的「英雄」。

● 擔起責任是不停前進人的成功財富

　　謝偉自以為天衣無縫的表演,最終成為竹籃打水一場空。自己費盡心思地表演,得罪了同事不說,也沒有給自己換來一個好的結果。他不明白:對自己的工作負責不僅僅是為了討好老闆,更是為了自己的前途。你的忙碌一方面是在為自己的能力添磚加瓦,另一方面也是在藉著企業這個平臺來實現自己人生的目標。做一個合格的員工,就要摘下面具,認真工作,以真實的實力贏得老闆的垂青,讓自己在揮灑汗水的過程中體驗勞動與成長的快樂。

【職場點兵】

　　敷衍工作、消極怠惰、試圖逃避責任,永遠都不會有令人驕傲的成績,也永遠不會創造令他人羨慕的價值。一個人的輝煌是由自己去創造的。

※ 職場便利貼 —— 測試你的工作態度

1. 你是不是曾經把別人的點子或主意算到自己頭上？

   A. 是 B. 否

2. 當自己沒有完成工作任務時，你是否經常抱怨客觀原因？

   A. 是 B. 否

3. 你覺得自己對工作沒有一點自主權，覺得自己只不過是公司賺錢的工具？

   A. 是 B. 否

4. 你是否在工作中常常說到「他們」？

   A. 是 B. 否

5. 當發生事故的時候，你是不是出來辯解，然後指出別人的錯？

   A. 是 B. 否

6. 當你的部門出現工作上的失誤，你是不是會先急著證明自己的清白？

   A. 是 B. 否

7. 你是否曾經利用公司的制度、法規等作為藉口來解釋自己為什麼不能做得更好？

   A. 是 B. 否

8. 你是否很少主動去工作，因為你覺得在公司工作很沒有意思？

   A. 是 B. 否

● 擔起責任是不停前進人的成功財富

9. 你是不是經常抱怨公司的各種問題，卻從不拿出解決方案？

　　A. 是 B. 否

10. 你是否說過「這件事情和我的工作無關」？

　　A. 是 B. 否

答案解析：

高分 如果你有 7 個或者以上的問題選擇了「是」，說明你是一個非常缺乏責任意識的人。在生活和工作中，你都會認為問題的根源在於別人，而不是自己，因此，你是一個十足的受害者。要改變這種狀況，你還要付出很多的努力！

中等得分 如果你有 4 到 6 個問題選擇了「是」，這說明了你遇到問題不是積極想辦法去解決，而是更多的抱怨指責。而且，你遇到不是自己分內工作的事情，你是不會去做的。

低分 如果你有 3 個或者 3 個以下的問題選擇了「否」，說明你還是一個比較不錯的員工。在大多數情況下，你是一個負責任的人，只有在少數情況下你會指責別人或者推卸責任。

最低分 如果你對以上 10 個問題都選擇了「否」，那麼說明你是一個非常負責任的人。你做事情積極主動，不會抱怨，出現問題也會主動地去解決問題。

第八章
答案藏於你腳踏實地工作的細節中

　　腳踏實地，是指腳踏在堅實的土地上。比喻做事踏實，認真。工作中腳踏實地，以高度的責任感和使命感，積極的工作態度，認真細心的工作精神，勤奮，敬業，盡心盡職的做好每一項具體工作。

　　作為職場中的個人來說，能否腳踏實地意味著你是否能夠在職場中長期穩定的發展，尤其是對於職場新人來說，這是你必備的優勢。在本章中你能發現你是否具備這種優勢。

■ 公司對不踏實工作的員工總會非常小心

很多大學生剛畢業出校門，就希望明天能夠當上總經理；剛創業，就期待自己能像比爾蓋茲一樣成為富人之首。要他們從基層做起，他們會覺得很丟臉，甚至認為他的老闆對他簡直是大材小用。儘管他們有遠大的理想，但又缺乏對專業的了解和豐富的經驗，也缺乏像大象一樣腳踏實地的工作態度。

腳踏實地是一個職場人士必備的素養，也是實現你加薪升遷、成就一番事業的關鍵因素，自以為是、自高自大是腳踏實地工作的最大敵人。你若時時把自己看得高人一等，處處表現得比別人聰明，那麼你就會不屑於做別人的工作，不屑於做小事、做基礎的事。

因此，每個職場中的人要想實現自己的理想，就必須調整好自己的心態，打消投機取巧的念頭，從一點一滴的小事做起，在最基礎的工作中，不斷地提高自己的能力，為開始自己的職業生涯累積雄厚的實力。

第一，你要認真完成自己的工作，不管是做基礎的工作，還是高層的管理工作，都要把全部精力放在工作上，並且任勞任怨，努力鑽研。在工作中逐漸提高自己的業務水準，成為企業的業務菁英。

第二，在工作中，懷有一顆平常心，成功了不驕傲，失敗了也不氣餒，不要因為情緒波動而影響了工作。

第三，要做一個積極實踐者，根據公司的具體情況，提出實際可行的方案或計畫，並和大家一起完成它，不但要有設計完美方案的本領，又要

有具備落實方案的能力。

如果你在實踐中累積了雄厚的實力，練就了扎實的業務本領，成為企業的中堅力量，你還會擔心上司不重視、沒有升遷加薪的機會嗎？

腳踏實地的人，很容易控制自己心中的激情，避免設定高不可攀、不切實際的目標，也不會憑藉僥倖去瞎碰，而是認認真真地走好每一步，踏踏實實地用好每一分鐘，甘於從基礎工作做起，並能時時看到自己的差距。

那些自以為聰明的人，非常容易頭腦發熱，不自量力地承受具有極高難度的工作，結果輸得慘不忍睹，而如果把自己看得笨拙一些，你就不會打赤膊上陣做傻事。適當的笨拙可以讓你遇事三思，分析自己的長處和缺點，權衡利弊之後再出手，並時常拿實力與自信相對比，不逞匹夫之勇。如果冒險了就一定要有所收穫。

日常工作中，誰都會遇到有困難的時候。在遇到難題的時候，不要顧忌自己的面子、自己的地位，而應該向那些業務高超的職員學習，在「聰明人」都不願意做基礎工作時，認真地對待自己的工作（基礎的工作）。在自己的專業領域裡潛心研究、埋頭苦幹，不要讓自己的聰明才智埋沒在耍小聰明上。

職場中的人要記住：只有埋頭苦幹的人，才能顯出真正的聰明，才能成就一番事業。誰都希望能得到上司的重用，都希望上司能把最重要的工作交給自己完成，但並不是所有人都能成為上司眼中的「紅人」。一般來說，那些腳踏實地工作的人更容易得到上司的重用。因為上司在委任工作時（尤其是重要工作），除了考慮一個人處理業務的能力以外，還要考慮這個人的德行。德才兼備的人是承擔重要工作的最佳人選。而腳踏實地工

● 答案藏於你腳踏實地工作的細節中

作的人又恰好占據了良好的品德和雄厚的實力。而那些眼高手低、不能踏踏實實工作的人很難得到上司的重用，公司一方面擔心他們不具備堅強的業務處理能力，另一方面又擔心他們會洩露公司祕密。

李嘉誠說：「不腳踏實地的人，是一定要當心的。假如一個年輕人不腳踏實地，我們使用他就會非常小心。你建一座大廈，如果地基不好，上面再牢固，也是要倒塌的。」

所以，假如你希望你的上司能夠從內心重視你，並委以重任，你就應該像大象一樣踏踏實實地工作，在實踐中提高自己的能力，沿著自己既定的事業目標實現自己的個人價值。

要做到像一隻大象那樣腳踏實地，你就得丟掉以下幾個有害的想法：

「憑我學歷和能力根本不該做這些小事。」

即使你擁有很高的學歷，擁有許多先進的理論知識，你也需要從較為基層的工作做起。因為每個公司都有自己的具體情況，若不區分這些個性特點，而把理論生硬的套進來，很可能會給公司造成損失。所以，還是應從基層工作做起，細心地了解公司的整體運作，再運用知識提出切實可行的建議更好一些。

「現在的工作只是跳板，只要完成工作任務就行了。」

由於人才飽和的現狀，要想一下就找到合適自己的工作的確有些困難，即使你目前所做的工作不是你理想的工作或者不適合你，也不可抱有這種不負責任的想法。你可以把它當作你的一個學習機會，從中學習處理業務，或者學習人際交流，或者僅僅作為校園到社會的緩衝，而是認真地做好這份工作。這樣不但可以獲得很多知識，還為以後的工作打下了良好基礎。

「即使能力有限，我也要承擔下來此項工作，這樣別人就會對我刮目相看。」

很多人為了表現自己高人一等、與眾不同，而去承擔有較高難度的工作，結果反而常把工作弄得更糟。在工作方面要做個值得信賴的人，對工作全力以赴，盡可能地把工作做好。遇到困難或業務難題時，要主動請教他人，並盡快解決。對自己能力所不及的事情要勇於放棄，以免耽誤了工作。

森林中大象正是由於牠依靠自己龐大的身軀和沉穩的步伐，才在動物王國中樹立了威嚴，你也需要在工作生活中向踏實穩重的大象學習。

【職場點兵】

凡事都要腳踏實地去做，不馳於空想，不騖於虛聲，而唯以求真的態度做踏實的工作。以此態度求學，則真理可明，以此態度做事，則功業可就。

■ 以自然的方式表現出你的才能

　　一個員工只有用心工作，把自己的才華與能力運用到實際工作之中去，為公司、老闆創造出巨大的業績，同時還要會恰到好處地把這些能力表現出來。這樣才能更容易地得到老闆的欣賞和信賴。

　　對老闆來說，怎樣的員工才是有用並值得器重的呢？答案當然是其在職位上的能力表現：「踏實能幹」。在實際工作中，我們都能感覺到一個稱職的老闆最關心的事情，莫過於本部門的工作成果—— 業績。若只是部門氣氛活躍，彼此人際關係融洽，而業績平平，那麼，作為老闆一定是不滿意的。

　　表現平庸的員工也不能得到老闆的賞識，尤其是那些銳意進取的老闆，可是在現實生活中，這樣的員工卻很多。在單位裡許多員工工作往往都十分賣力，但卻很容易有下述表現：

　　· 做事虎頭蛇尾。

　　· 對結果預測不準，以致出現意想不到的問題。

　　· 處理問題速度太慢。

　　結果是再怎麼努力也難以把工作做好，那怎麼才能讓老闆的滿意呢？這樣的員工就是那種做不出實際業績的人，不管他們的工作多麼辛苦、賣力，他們也不會得到老闆的重視，這不僅僅是他們自身的悲哀，同時也是老闆的悲哀。如果沒有業績卓越的員工，老闆的工作是很難發展的，當然就更談不上卓越成效地發展了。

老闆希望自己的員工能創造出偉大的業績，老闆需要能創造出優秀業績的員工，在公司最需要人才的時候，如果有一位穩健果斷、效率很高的員工出現，讓這個部門的工作業績一下子得到提高，那麼老闆一定會讚賞道：「他做得很不錯」、「他是個有用而可信賴的員工」。老闆也就自然而然地加深了對能幹員工的重視程度。

「做得不錯」是老闆對員工最好的誇獎，同時也是老闆對員工表示賞識的一種表達方式。作為員工應該知道：在這裡，所謂「做得不錯」，並不僅是指賣力而已，同時還包含著對其達到預期業績能力的肯定。

任何一名員工都無一例外地希望自己得到老闆的重用和欣賞，希望自己能夠獲得老闆的另眼相待。然而，即使有相同的業績，也會出現引人注目和不引人注目的情況，兩者的差別，就在於個人的表現能力上。千萬不要小看表現能力，一個人的表現能力對於一個人今後的發展前途有著十分重要的作用。

不要以為只要自己在工作中能夠創造出業績就可以了，表現不表現都無所謂。因為大家的眼睛是雪亮的，你做出的成績是有目共睹的。事情遠遠不像你想像中那麼簡單，實際上一個員工除非創造的工作業績特別顯眼，能在極短的時間內光芒四射，否則是很不容易受人注意的。

可見，一個人的表現能力對於他或她在老闆心目中的地位有多麼重要。

要想具有出色的表現能力，只要注意下面幾點，然後以開朗、自然的方式表達出來就可以了。

其一，及時、準確地提供資訊。

員工應該把與自己工作有關，而老闆又極需的資訊，及時、準確地提

● 答案藏於你腳踏實地工作的細節中

供給老闆,而不要等老闆詢問時才告訴他,否則效果就不理想了。

若員工平時能掌握老闆的動向,便能知道其所需要的資訊,這樣就可以預先確認資訊的可靠性。

其二,抓住機會,及時匯報工作狀況。

如果時間允許,可以用聊天的方式同老闆談論工作發展情況以及可能遇到的問題,不要忘記趁此機會若無其事地介紹自己的業績。

其三,簡明扼要地匯報工作。

員工應該簡單地闡述重點,冗長的說明或拖泥帶水的匯報,會讓老闆感到不耐煩。應該以簡潔的話,先預告或提示結論,然後再進入主題。

培根說過:「沒有爽快的對話只有單調的長篇大論,表示說話者的感覺遲鈍。」

簡明扼要地表明重點,這是一種最基本的表達能力。一個員工要想在老闆面前好好地表現自己,就必須要掌握這種能力。

其四,對繁瑣數字進行清楚、重點的說明。

只要重點放在想要強調的地方,並利用圖表讓老闆一目了然,你的工作業績才會顯得醒目。

其五,誠懇接受稱讚並予以感謝。

「這次宣傳活動做得很好,聽說反應相當不錯。」當老闆如此稱讚你時,你應該開朗而自然地回答:

「謝謝,您這麼一講,我就覺得沒白做工。」然後再加上一句:「全靠您的支持和信任。」或者說上一句:「如果沒有您的支持和領導,效果一定不會這麼好。」

當老闆表揚員工時,有些員工會過分地表示謙虛和推卻,還有就是冷

淡對待老闆的表揚或誇獎，這樣做是絕對不明智的。否則，你謙虛過度或坦然應對只會給老闆留下負面印象。

一個優秀的員工能夠卓有成效地完成上司給予的任務，能夠創造出卓越的業績。善於創造業績並會恰當地表現是一個員工成功獲取老闆信賴的基礎，掌握這一個要領對於一個人事業的成功有著不可估量的作用。

【職場點兵】

善於創造業績並會恰當表現是一個員工成功獲取老闆信賴的基礎，掌握這一個要領對於一個人事業的成功有著不可估量的作用。

● 答案藏於你腳踏實地工作的細節中

■ 努力工作的人不會懷才不遇

當你步入職場之後，你會發現文學博士可能在做校對，資訊碩士可能在輸入資料，大學生可能只是跑腿打雜……，古語云「殺雞焉用牛刀」，然而在職場中卻常常發現殺雞的都用的是牛刀。

大部分初入職場的人都會遇到這個問題，你開始做的都是很瑣碎的工作，根本沒有任何技術含量。更讓你無法忍受的是，這種工作似乎無窮無盡，日復一日，年復一年，周而復始，以至無窮……，於是很多人心裡漸漸不平衡了，開始抱怨，這簡直是大炮打蚊子 —— 大材小用！然而。從古至今，懷才不遇的事情是常常發生的。

謝靈運是南朝一個有名的詩人，寫了大量的山水詩。自幼他便聰明好學，讀過許多書，祖父謝玄對他非常厚愛。

他出身於東晉大士族，因為受封康樂公的爵位，世人稱他「謝康樂」。他雖然身為公侯，卻並沒有實權，被派往永嘉任太守。謝靈運自嘆懷才不遇，常常丟下公務不管，去遊山玩水。後來，他辭官移居會稽，常常與友人酗酒作樂。當地太守派人勸他節制一些，卻被他怒斥了一頓。為此，很長一段時間，謝靈運空有一身才學，卻遲遲得不到重用。

職場中像謝靈運這樣懷才不遇的人比比皆是，只是不是每一個人都有謝靈運的才華。一個普普通通沒有超群才華的人如果也抱持著懷才不遇的想法，那就只能看著機會從自己的抱怨中悄悄溜走。

其實，當你遇到不公平的待遇，或者是覺得自己的才華得不到施展的

時候，你大可不必這樣。在職場中難免會遇到低谷，當我們身處低谷的時候不要自暴自棄，不要怨天尤人，更不要覺得自己懷才不遇，這樣的心態只能讓你的人生一片灰暗，無法重新揚起自己的鬥志。你要學會在低谷中反省自己、重新認識自己。

不要去埋怨職場中競爭的激烈，也不要去埋怨自己的命運不濟。想要做出一番大事業，必須因時利勢，必須懂得運用環境的力量，運用時代的力量，運用知識的力量。如果自己還沒有成功，應該多想想自己的原因，不要一味的把責任推到老闆身上，推到同事身上，甚至推到自己的父母身上，應該做的是調整好自己的心態去面對挑戰。

丟掉你那些懷才不遇的想法吧，踏踏實實地把心思放在工作上，把你的能力展現在工作上，總有一天你的才華會被老闆所賞識。

【職場點兵】

想要遇到伯樂，首先你得先是一匹千里馬。真正有能力的人，不會讓抱怨淹沒了自己的才華，他們只會充分的把握每一個機會，展示自己的才華。

■ 出色的工作產生於「完美主義」

想要把工作做好不難，難的是怎樣把工作做到最好，甚至比最好更好。尤其是對於自己並不滿意的工作，想要做好，更是不容易。但是如果你能把自己滿意的工作做好，那當你面對自己中意的工作時，就會得心應手了。

其實，不管是什麼工作，只要是由你負責的，那就是你的職責所在，不要去理會別人的工作是否比你好，你要做到的只是把自己分內的工作做到最好。當今的職場中，有這樣一部分人，當他們被公司安排到某一個職位，負責某一個專案的時候，他們會覺得自己沒有被重用，自己的能力得不到更好地發揮，眼睛裡面看到的只有別人的工作多麼好，而看不到自己面前的工作的價值所在。

阿雄畢業之後進了一家物流公司。他的專業就是廣告設計，他理想中的工作也是做一名設計師。但是就業壓力如此大的情況下，他為了解決生計，誤打誤撞地進了物流公司。沒有做自己專長的工作，阿雄感到十分懊惱。枯燥的盤點、催貨等工作讓他漸漸失去了當初剛進公司時候的熱情。他整天心猿意馬，總是想著：要是我在設計公司，一定能發揮自己的所長，把工作做地更好。

每天的時間就在阿雄不斷地幻想中過去了，整個公司中，他的業績是最差的，因為他從沒有用心做過。

吃著碗裡的望著鍋裡的，最終的結果就是你什麼都吃不好。阿雄就是

這樣。他代表相當一部分剛踏入職場的人。在他們中間,關於職場的概念大多數都是聽別人說起,或是電視中、書中看到,他們並沒有真正地經歷過,他們把職場想像的太過簡單,把自己想像的太過強大。他們總是自信地認為自己有實力做更好的事情,並且一定能夠做到最好,從而忽略了自己現在的工作。可是他們真的有實力能夠做到他們所想像的那麼好嗎?

我們是不是真的有能力去做比現在更重要的工作,這不是由我們自己的感覺而決定的。單憑感覺去判斷,會導致我們對自己的能力認識不清,盲目地或是自以為是地選擇了自己以為能夠做好的工作。但結局往往是效果達不到自己所想的那樣,這樣就會產生一種誤區,會讓你覺得自己的能力沒有辦法發揮出來,這樣會導致你對工作,甚至是對人生充滿了抱怨。到了那個時候,你就是真正地什麼也做不好了。

和阿雄同樣條件的阿力,在剛步入職場的時候也遭遇了和阿雄一樣的情況,但是他們的結果迥然不同的。

阿力是一名軟體設計專業畢業的學生,畢業後他應聘進了一家軟體發展的公司。沒想到的是,剛到公司沒幾天,公司就把他調往了業務部。雖然他百思不得其解,但阿力心想業務部也是軟體公司的一部分,好好做,說不定能有意外的收穫。

在之後的工作中,只要是市場調查,阿力總是首當其衝,別人不願意去的,他願意,做出來的回饋報告總是比別人的更全面。憑著自己對市場的了解,阿力還給公司留住了兩個大客戶。阿力有時候也會想著和自己專業有關的工作,但是他認為,現在的工作更能夠鍛鍊他,能把現在的工作做好,也是一種成就。

不到一年的時間,阿力的工作超過了同部門的許多菁英級人物。很快

● 答案藏於你腳踏實地工作的細節中

他就被老闆所賞識。後來，由於阿力在業務部所累積的經驗十分有利於軟體的開發，他被老闆調回了設計部。老闆認為，一個能把自己並不專長的工作做好的人，碰到自己專長的工作，只會做得更好。

　　阿力之所以能夠比阿雄做得好，最終也做到自己所喜愛的工作，是因為他能夠清晰地認識自己的能力，所以他能夠以一個平穩的心態去對待工作。剛剛步入職場的年輕人，不要把自己的能力估計太高，這樣只會讓你難以腳踏實地地將現在的工作做好，從而失去做更好工作的機會。

【職場點兵】

　　進入一家新的公司，至少需要幾個月的時間才能真正進入角色，才能得到提升的機會。心態浮躁，總想一步到位，不但會給公司帶來損失，也會浪費了自己的青春年華。

▓ 沒有目標的飛行必將迷航

　　在我們小的時候，父母或是家人都會問我們的理想是什麼？那時候的我們會說長大以後要當醫生、老師、科學、飛行員等等一切在我們眼中「有面子」的工作。可是隨著成長，隨著我們對社會的認知，隨著我們對自己的了解，這些理想有的實現了，有的改變了，有的就消失了。

　　目標對於我們的人生有著巨大的嚮導作用，你選擇了什麼樣的目標就決定了你有什麼樣的人生。工作中也是如此，選定什麼樣的目標，決定了你的職業生涯能夠發展到什麼樣的位置。

　　美國曾經做過這樣一個實驗，就是對一群智商、學歷、環境等客觀條件都差不多的年輕人做一個長達 25 年的追蹤調查，調查的內容為目標對人生的影響，結果發現：

　　27% 的人，沒有目標；

　　60% 的人，目標模糊；

　　10% 的人，有清晰且比較短暫的目標；

　　3% 的人，有清晰且長期的目標。

　　25 年後，這些年輕人中，那 3% 有清晰且長期目標的人都成了成功人士；10% 有清晰而短暫目標的人大都生活在社會的中上層；60% 目標模糊的人生活在社會的中下層，沒有什麼特殊的成績；27% 沒有目標的人，幾乎都是生活在生活的最底層，各方面都不如意。

　　可見，有一個明確的目標是多麼的重要。從小就能有一個清晰的目

● 答案藏於你腳踏實地工作的細節中

標，並為此付出努力，直到成功的人畢竟是在少數的。因為小時候的我們對自己的認知還不是非常全面，而現在工作了，無論從哪方面來說，我們都已經成熟了，很清楚的了解自己喜歡做什麼，能做什麼，所以這個時候如果你還沒有目標的話，就要給自己制定一個清晰而長遠的工作目標了。尤其是在工作中，如果沒有目標，就無法長期在工作中堅持。

　　賈濤最近非常苦惱，因為他又失業了。畢業五年，換了七份工作，最長的只有一年。現在自己已經到了三十而立的年齡，還要擠在一群年輕人中去競爭，他有點膽怯，因為到現在他都不知道自己該做什麼工作。

　　賈濤的第一份工作是在職校當老師，剛開始他還覺得這工作不錯，體面而且又輕鬆。後來因為自己的所教的班級成績不理想，受到了學校高層的責備。這樣賈濤的信心大受打擊，他懷疑自己是不是適合這份工作。對自己表示懷疑以後，賈濤越來越沒信心，最後只好選擇辭職。

　　第二份工作是賈濤的同學介紹的，在一家報社招攬廣告。最初的幾個月，由於是新換的工作他比較賣力，招攬了幾個小廣告。後來因為招攬廣告太累，漸漸地他就不像最初那樣努力。自然而然影響了報社的業績。還沒等到老闆開口，他就自己選擇走人了。

　　接下來的工作都是這樣，在挑挑揀揀中，總是遇不到自己感覺適合的，接連的更換工作，也讓他對自己越來越沒有信心，感覺自己做什麼都不行。現在他決定先充實一下自己，想想自己究竟喜歡什麼樣的工作。

　　賈濤的錯誤之處就在於他沒有給自己制定目標，而是等著「目標」來找他。合適的工作是要自己先規劃出來，而不是像無頭的蒼蠅一樣到處去碰。那樣的結果就是把時間都浪費在適應新的工作上，往往結局就是什麼也做不成。

也許有的人會認為，現在人生都已經過去三分之一了，再給自己制定職業目標會不會已經晚了。拿破崙·希爾認為：人的過去和現在都不重要，重要的是你的將來獲得什麼成就。所以從現在就開始給自己制定職業目標，並朝自己的目標去努力，還為時不晚。

首先，你要問問自己：「未來的十年裡，我準備做什麼？」一個為期十年的事業規劃，必然會夾雜一些幻想，由於未來是不可知的，任何一幅「未來遠景圖」都不會是完整的，但是，如果沒有這幅圖，你就沒有奮鬥的方向。這個為期十年的事業規劃，不僅是目前趨勢的合理延伸，它還要配合價值觀、信念和直覺，把可能性和心志做新的組合。有效的「未來遠景圖」應該是由實際可能的觀念所激發。

當你找到了自己的工作目標後，就不能輕易改變，不能今天想要當律師，明天又覺得做醫生比較適合自己。接著就要把這個目標分成許多階段，在每一個階段都給自己規定一個完成的時間，這樣一步一個腳印地走下去。

看似很簡單的事情，到真正去做的時候，就會發現有很多的困難，如果你因為困難而放棄了，就等於提前宣告了失敗。要堅定地朝著自己的目標邁進，要提醒自己每走出一步，你就離自己的目標更近一步，總有一天目標就會實現。

【職場點兵】

在追尋自己目標的路上，如果你遇到一座山，你要翻過去；如果你遇到一條河，你要淌過去。要相信自己能夠戰的勝一切困難，不怕達不到目標，只怕你沒有目標。

● 答案藏於你腳踏實地工作的細節中

■ 成功取決於每個 1% 的努力

在我們的心裡，每個人都希望自己能夠比別人強，但是由於種種原因，我們總有不盡人意的地方。想要一步登天是不可能的，不積跬步，無以至千里，不積小流，無以成江海。凡事都是日積月累的過程，因為欲速則不達。

對於每一個初入職場的年輕人來說，有進取心是一件好事，但切不可急於求成，只要能做到每天進步一點點，並長期堅持下去，那將會是很大的進步，也許到時候你都會驚異於自己的改變。

在一個名為「挑戰不可能」的節目中，一個叫黃璞的選手在大家的歡呼聲中連續做了 600 個伏地挺身，你怎麼也不可能想到，這是一個身體微胖的人能夠做到的。若換做我們自己，可以做多少個呢？ 不少人上臺去挑戰，都以失敗告終，有的人根本就不敢去挑戰，因為知道自己不可能成功。

當黃璞作為獲勝選手站在舞臺上時，主持人讓他透露一下接連做 600 個伏地挺身的祕訣。黃璞不好意思地笑笑說：「也沒什麼祕訣，我剛開始的時候只能做 20 個，但是天天堅持，一天比一天多做一個，每天進步一點點，慢慢的達到 600 個了。」話音剛落，臺下就響起了雷鳴般的掌聲。

成功並沒有什麼訣竅，也沒有特定的方式，但堅持決定是通向成功的要素，像黃璞一樣，每天進步一點點，堅持下來，就不只是一點點了。只要每天進步一點點並堅持不懈，那麼有一天你就會驚訝地發現，在不知不

覺中，你已經在同事中脫穎而出，具備了承擔更多責任的能力。

每天多走訪一條街、每天多打一通電話給客戶、每天總結一條經驗、每天多開發一個客戶、每天的銷量增加 1%……只要在各項工作中每天進步一點點並長期堅持，那麼有一天你就會驚訝地發現，在不知不覺中你的各項業績已經鶴立雞群，在考核表中你的各項指標已經遙遙領先。

陳銘畢業以後到一家公司去求職，老闆仔細看過他履歷後，說：「你是畢業生中為數不多的有工作經驗的，這點很好。現在公司還缺一名行銷部經理，你覺得你能勝任嗎？」原本只是來求取普通職員的陳銘有點受寵若驚，支支嗚嗚地不敢確定自己是否能勝任。老闆見狀，拍了拍的他的肩膀說：「先試試吧，我相信你的能力。我會在最短的時間內告訴你該怎麼做。」

陳銘原本以為老闆會告訴他基本的工作流程等等，結果老闆就說了一句話，那就是：「每天進步一點點。」然後在陳銘錯愕的表情中走開了。以後的工作中，陳銘就謹記住了老闆的那句話。遇到解決不了的問題就向公司中的其他同事請教；老闆開會的時候認真地做會議紀錄；每天下班他比別人晚下班兩個小時；公司裡的事情，他總是搶在別人前面完成。這樣的狀態他一直堅持，直到後來變成別人向他請教問題，他開會議，別人做紀錄。

陳銘的進步老闆都看在眼裡，後來他由一名對自己工作能力一點信心都沒有的行銷部經理，成長為一名工作起來遊刃有餘的行銷總監。

在工作中，要像陳銘一樣每天多做一點，這樣就意味著你比別人多學習了一些東西。當你只是從事你報酬範圍之內的工作，那你將無法從別人的工作中獲得益處，也無法得到老闆和同事的讚賞。如果你像陳銘一樣在

● **答案藏於你腳踏實地工作的細節中**

同事中具備了承擔更多責任的能力，並擁有遙遙領先的業績，那麼升遷加薪離你還會遙遠嗎？ 一個成功的人士，需要一步一個腳印，腳踏實地，從最低處做起，每天更上一層樓，才能為自己的發展打下堅實的基礎。

　　每天勤奮一點點、每天完美一點點、每天主動一點點、每天學習一點點、每天創造一點點……，堅持每天多學一點，就是進步的開始；堅持每天多想一點，就是成功的開始；堅持每天多做一點，就是卓越的開始；堅持每天進步一點，就是輝煌的開始！

【職場點兵】

　　無論你在工作中處於什麼位置，都不要讓自己停止進步的腳步，如果你「每天進步一點點」，哪怕是 1% 的進步，試想，誰能阻擋你最終達到100% 的成功！

■ 上天眷顧那些勤奮努力的人

　　無論是剛剛參加工作的年輕人，還是早已經步入職場多年的老前輩，都無一例外的想要尋找一條通向成功的捷徑。有的人找到了，有的人在眾裡尋它千百度的時候，驀然回首，才發現成功的取得和「勤」字是分不開的。

　　古人云：「天道酬勤」，就是在告誡人們，只有不斷地努力，才能得到上天的眷顧。那些取得成就的人，他們也不過是一個普通人，翻開史冊，你會發現每一個有所成就的人，他們的成功 99% 來自於自己的努力。

　　王羲之自幼酷愛書法，幾十年來鍥而不捨地刻苦練習，終於使他的書法藝術達到了超逸絕倫的高峰，被人們譽為 「書聖」。

　　13 歲那年，王羲之偶然發現他父親藏有一本《說筆》的書法書，便偷來閱讀。他父親擔心他年幼不能保密家傳，答應待他長大之後再傳授。沒料到，王羲之竟跪下請求父親允許他現在閱讀，他父親很受感動，終於答應了他的要求。

　　王羲之練習書法很刻苦，甚至連吃飯、走路都不放過，真是到了無時無刻不在練習的地步。沒有紙筆，他就在身上劃寫，久而久之，衣服都被劃破了。有時練習書法達到忘情的程度。一次，他練字竟然忘了吃飯，家人把飯送到書房，他竟不假思索地蘸著墨吃起來，還吃得津津有味。當家人發現時，已是滿嘴的黑墨了。

　　王羲之常常在湖畔旁書寫，就池洗硯，時間長了，池水盡墨，人稱

● 答案藏於你腳踏實地工作的細節中

「墨池」。現在紹興蘭亭、浙江永嘉西谷山、廬山歸宗寺等地都有被稱為「墨池」。

沒有人一出生就能具備被某種技能，王羲之也是如此。就如同我們在工作中，沒有人從一開始就能把工作做得得心應手，但是做同樣的工作，一段時間後，有的人就能做得很好，有的人還是原地踏步，原因就在於在適應工作的過程中你有沒有努力。

想在工作中，跨入優秀的行列，勤奮是必不可少的工具。因為勤奮是優秀員工做好事情、達成目標的根本。事實上，任何領域中的優秀人士之所以擁有強大的執行力，能夠高效率地完成任務，就是因為他們勤奮，他們所付出的艱辛要比一般人多得多。就比如李嘉誠，當我們佩服他在事業上的建樹時，也應該想到他為此付出了多少努力。

曾有記者問李嘉誠其成功的祕訣，李嘉誠沒有直接回答他，而是講了一則故事：69 歲的日本「推銷之神」原一平在一次演講會上，當有人問他推銷的祕訣時，他當場脫掉鞋襪，將提問的記者請上臺，說：「請您摸摸我的腳底板。」

提問者摸了摸，十分驚訝地說：「您腳底板上的老繭好厚呀！」

原一平說：「因為我走的路比別人多，跑得比別人勤。」

提問者沉思了一下，頓然醒悟。

李嘉誠講完故事後，微笑著說：「我沒有資格讓你來摸我的腳板，但我可以告訴你，我腳底的老繭也很厚。」

李嘉誠的成功，就離不開他的勤奮。高爾基說：「天才就是勞動。」是啊，成功就是一分天才，九十九分的血汗。任何事情都是一分耕耘一分收穫，只有你付出了艱辛的勞動，才能收穫豐碩的果實。

　　工作之中也是如此，那些在公司中成為佼佼者的人，會把每一分每一秒都用在補充自己的業務知識上，讓自己的業務水準高出別人一籌。

　　職場中，成就自己的事業，除了要有激情盎然的雄心，還要付出比別人多幾倍的努力。許多不缺情商也不缺智商的人，沒能使自己的基業長青，這不是社會的責任，也不是環境所迫，更不是命運的捉弄，而是他缺少勤奮努力的習慣。

【職場點兵】

　　每個人都想在成功中領略一道人生的美景，但是成功是不會輕易給人的。在成功的道路上，除了勤奮是沒有任何捷徑可走的。

第八章
● 答案藏於你腳踏實地工作的細節中

※ 職場便利貼 —— 你是否能腳踏實地地工作

1. 你每一年給自己制定的計畫最後實現了嗎？

   A. 沒有，總是半途而廢

   B. 最後都完成的不錯

2. 你為自己所制定的計畫，是不是只注重結果，而沒有注重過程呢？

   A. 好像是這樣的，內容不叫空泛

   B. 不是，我的計畫很詳細，步驟分明

3. 你是否常常覺得自己的新年計畫很難實現呢？

   A. 我覺得實現的可能性比較小

   B. 我認為我努力的話，這些都是能實現的

4. 當你向你的朋友或者家人提到你的新年計畫時，他們的反應是？

   A. 他們總是對我的計畫表示詫異，似乎不敢相信

   B. 為我加油打氣，相信我一定能完成

5. 你是否會抱著比較的心態制定新年計畫呢？

   A. 有時候會

   B. 我只制定相信我能做到並且對我有幫助的新年計畫

6. 制定好計畫後，你是否還會對計畫改動呢？

   A. 不會

   B. 會，計畫不如變化快，我會嘗試去修改原來的計畫，讓目標更加
   可行

計分規則：

選 A 計 1 分，選 B 不計分。

如果你得分達到 3 分的話，那麼，很不幸，你有明顯的好高騖遠傾向，你的新年計畫總是顯得大而空，在年末總結的時候，你會發現自己的計畫常因為不能有效完成而成為一紙空文。結果就會常常沒成就感。而上司對你考核時結果也不會好到哪裡去。總體來說，你的職業目標方也很不明確。

如果得分 2～3 分，你的計畫相對實際，但你通常不會圓滿達到既定目標。

如果得分在 1 分以下，那麼恭喜你，你是個比較實際，且計畫性較強的人，在你做計畫時你已經考慮得相當周全，所以通常你設定的目標都能實現。

第九章
善解人意的人會吸引到更重要的人

　　善解人意，是指非常能夠體諒人、體貼人，能夠換位思考，善於理解他人的意思、想法，懂得相互接納、相互合作、相互融洽，尊重他人的優勢和才華，也寬容他人的脾氣和個性，不去計較他人的缺點。

　　作為職場的個人來說，善解人意是你是否能與同事、上司和睦相處的基本，對於初入職場的你來說，具備善解人意的優勢，你在職場的人際關係中就能遊刃有餘了。本章著重在敘述了善解人意的表現，不知道你是具備這種優勢呢？

■ 成人之美，讓你看上去更美

孔子說：「君子成人之美」，意思是，道德高尚的人都懂得如何去成全他人的好事，想盡辦法幫助他人。

在職場中，如果你精通成人之美的門道，那麼你的好人緣就會隨之而來。在別人困難的時候，伸出援助之手，別人一定會感激不盡，牢記於心的。只要是參與工作的人，就像是人在江湖，往往都有身不由己的時候。自己的利益和公司的利益總有相衝突的一面。我們常常會看到，有的同事一大清早就唉聲嘆氣，細問之下，原來是女朋友生日，或者是什麼結婚紀念日，或者是有親朋好友住院的事情，又苦於自己手頭的工作沒有做完，為了生存，為了責任，不得不作出一些「犧牲」。

這樣的事情時有發生，這個時候，如果你沒有什麼要緊的事情，又有能力來幫助他們時，不如攬下這些「分外」的事情，也許短時間內，你會覺得占用了自己的私人時間，自己變成了吃虧的一方，其實從長遠看來，這些事情正是你贏得好人緣的法寶。《三國演義》中的諸葛亮是我很敬佩的一個人物，他不僅智慧過人，而且重情重義。

劉備死時，將自己的妻兒託付給諸葛亮。對他說：「你如果看阿斗是當皇帝的料，就輔佐他；若不是，你就自己當皇帝吧！」諸葛亮聽了，立刻跪在劉備面前，說道：「我一定會盡心盡力地輔佐劉禪，絕沒有自己當皇帝的想法。」

之後，諸葛亮放棄了本來可以頤養天年的生活，鞠躬盡瘁、嘔心瀝血

地幫助劉禪，最後命喪五丈原。

　　雖然最後諸葛亮沒有完成「成人之美」，但是卻留下了千古美名。在如今職場中，「成人之美」的事情也不再少數，例如，替同事加班，讓他有時間去為女朋友（男朋友）慶祝生日；盡力幫助同事在業務上不理解的地方；主動給老闆分擔一些公司中的事務等等。這樣的付出是高報酬的投資，當你被一些來自於家庭，朋友的事情所困擾時，相信他人，那些接受過你幫助的人，一定會對你伸出援助之手的。

　　當然，如果你幫助了別人以後，就認為你應該得到別人的相應的回報，這樣的「成人之美」恐怕有點太過於功利性。幫助別人，首先不是為了取得回報，因為善於幫助他人是一種美德，並不是拿來炫耀自己的資本。做了好事不留名，才能讓人更加的敬佩你。不要以為自己做了一點好事，就理應接受他人的讚賞。這樣的心理常常會讓你的「好心」變成「驢肝肺」，讓你的人緣大打折扣。

　　老張在素有「辦公室潤滑劑」之稱，原因就在於他總是能讓同事們之間的矛盾輕而易舉地化解。

　　一天，另外一個部門的同事找到老張，希望他能出面幫忙調節一下自己和另外一同事的關係，之前他已經找過很多人幫忙，包括自己的上司，可是那位同事非常倔強，就是不願意就此化解。老張經不住這位同事的一再請求，只好答應。經過老張的一番勸說，那個脾氣倔強的同事終於釋懷。完成了任務的老張又找到求助於他的那位同事，請求那位同事不要對外宣稱是自己的功勞，因為之前有太多人進行過勸說，這裡有很多職位比他高的。如果把功勞攬在自己身上，恐怕會引起他人的不滿。老張希望這位同事能把這個功勞算在職位最高的那人身上。

● 善解人意的人會吸引到更重要的人

　　這位同是聽從了老張的建議，把這份功勞記在了自己的上司頭上。他的上司知道後，明知道不是自己所為，但卻很受用。也知道是老張把「高帽子」戴在了自己的頭上，經常在公司的各個高層面前提到老張是個不錯的員工。

　　每個人都是愛面子的，你把面子留給別人，就等於是送了一個禮物給他。老張的高明之處就在於此。這就是操作人情帳戶的精益所在。

　　成人之美，一定要讓人覺得「美」。首先，不要讓你的幫助成為了別人的一種負擔；其次，幫助要自然而然，不要刻意地去強求，那未免有「表演」的嫌疑；最後，不要展現出不情不願的樣子，幫助他們是一種利人利己的行為。能夠做到這樣，你的成人之美，早晚有一點會成為「成己之美」。

【職場點兵】

　　職場中，事事處處都遵照「與人方便，與己方便」的原則行事，心存這般古道熱腸，辦事定會左右逢源，不僅能夠贏得四方友誼，還會招來八方財路。

說好一句話抵過千言萬語的重複嘮叨

　　職場中，說話是門藝術，怎麼說話，說什麼話都需要經過深思熟慮，把話說到別人的心坎上，別人才會聽你的，才會信任你。不管是在同事面前，還是在老闆面前，切忌說一些別人不願意或是不愛聽的話。有這樣一個人，他就是典型的能說話但是卻不會說巧話的人。

　　展鵬是一個土生土長的臺北人，又是碩士學位。一次和同事外出吃飯，等上飯菜之餘，大家討論起了臺北人的交通情況。只聽展鵬說：「我就想不通為什麼那麼多人願意來臺北，尤其是外地人，自己學歷又不高，應該去些小城市嘛！這樣臺北的交通就不會這樣擁擠了。」

　　在座的各位大多是學歷不高而且家在外地的人，聽到展鵬的言論，都不太開心，一頓飯吃得不歡而散。

　　說了令人討厭的話，一次兩次別人還能夠容忍，次數多了，就會影響你們之間的關係了。在職場中，能說會道的人固然能夠很快地讓周圍的同事接納他，但不是每一個人都具備巧舌如簧的本領。如果你本身就是一個笨嘴拙舌的人，那多說不見得就能夠讓你贏得別人的好感，說不定還會因為說了對方不願意聽的話，導致適得其反的效果。

　　說話的技巧在於精闢，而不在於多少。不管你是不是一個善於言語的人，只要你能把話說到別人的心坎裡去，哪怕是一句話，也敵得過千言萬語了。然而，世界上沒有兩片相同的葉子，我們不可能揣摩出每一個人的心理，但是大多數人都有一個共性，就是喜歡聽別人的讚美之言。

● 善解人意的人會吸引到更重要的人

美國最偉大的哲學家杜威博士認為「人類最原始的欲望，應是渴望自己變得更重要，更有價值」。這是在說明人類除了維持生存的需要以外，仍有一種超越七情六慾之外，卻又舉足輕重的欲望，這種欲望就是「渴望自己變得更重要，更有價值」。

相對於杜威博士來說，林肯就說得相對開門見山。林肯曾在一次寫信時，毫不掩飾地說：「任何人都喜歡受到外界的認可與讚揚。」

有人曾花了十年研究林肯的一生，尤其是他對人際關係的處理原則。能說出這句話的林肯，你絕對想像不到，他在年輕的時候曾熱衷於批評他人，甚至差點引發一場生死之戰。可見想把話說到別人的心坎裡，讚美之言是最有效的方法。

讚美看似簡單，但是，說過了就是阿諛奉承，聰明的人一眼就能看出來。說的不對，就成了馬屁拍在了馬腿上。所以在讚美你的同事或是你上司的時候，一定要讓對方認為你對他的讚美，是經過認真考慮的肺腑之言。

第一，讚美要恰如其分

不要拿一件不足掛齒的小時讚不絕口，大肆發揮，也別抓住一個細節便誇張地大唱讚歌。這樣就會顯得逃過牽強與虛假。

別讓對方覺得你對他的讚揚是例行公事，你應該比現在更經常的對你的同事或老闆表示讚賞，但是不要每次見面都要重複一遍。最重要的一點是，不要每次都用一模一樣的話來稱讚對方。

第二，讚美要與眾不同

在讚美別人的時候，要明明白白地告訴對方，是什麼是你對他的印象深刻。你的讚賞越是與眾不同，就越是會清楚的讓對方知道，你曾盡力深

入地了解他。假如你想讚賞一個同時具備你所欣賞的個性時，你可以舉例為證，這樣他就會感覺到你的讚賞更加可信，不僅僅是單純的討好奉承。

如果可能，不妨有選擇地給你一些客戶或者是合作夥伴書面致函，表示你對他們的欣賞。書面讚賞的效果往往非常好，如果再加上你的文筆既有深度又與眾不同，對方還會百讀不厭。

第三，讚美要選擇合適的方式

讚美重要的不僅僅是你說了什麼，還有你的表達方式。你的用詞，你的姿勢和表情，以及你的認真程度和友善程度都是至關重要的。因為這些是你內心真是想法的「顯示器」。

讚美時你應該直視對方的眼睛，面帶笑容，注意自己的語氣，講話要響亮清晰，乾脆利落，不要吞吞吐吐，欲語還休的。

如果合適，你可以握住對方的手，或是輕輕拍打他的胳膊，營造出一點親密無間的氣氛。

第四，讚美要在適當的時候

你對別人的讚美要跟你們眼前的話題有關，不要沒頭沒腦的就大放頌詞。當對方提及一個話題，或者講述了他的一段經歷，你可以以此作為你讚賞的引子。要是對方沒有給你機會，你要自己給自己「譜」一段合適的「前奏」，使對方覺得你的讚美來得並不會太突然。

第五，讚美要因人而異

即使是因為相同的事情，你也不要以相同的方式來讚美所有人。這樣容易給大家留下「對誰都是這一套」的壞印象。要仔細地對比你的同事或者是客戶之間有什麼不同，有什麼突出之處，這樣才能然給你的讚美因人而異。

第六，讚美不要有瑕疵

許多人在讚美別人時候都容易犯一個錯誤：他們把讚賞打了折扣再送出去，對於別人的某一項成績不是給予百分百的讚賞，而是畫蛇添足地加上幾句令人沮喪的評論或是很大程度上削弱讚賞積極作用的話語。

任何讚美的折扣，哪怕再微小，也使讚美有了瑕疵，從而產生了不必要的負面影響，破壞了讚美的作用。

第七，不要引起對方的曲解

有些讚美的話會由於用詞不當，讓對方聽起來不像讚美，到更像是貶低或侮辱，所以在讚美他人的時候要謹慎小心。

讚美不要暗含著對方的缺點；

在列舉對方身上的優點或是成績的時候，不要舉出讓對方覺得無足輕重的內容；不能以你曾經不相信對方能取得今天的成績為由來讚美他。

如果你的讚美之詞能夠說到對方引以為豪的事情上，那無疑是畫龍點睛之筆，一句話就說到了對方的心坎上，打動了對方的心。那樣的你無論是在上司面前還是在同事之間，或是你的客戶面前，你都會是一個受歡迎的人。

【職場點兵】

會說話的人，一句就能說到別人心坎裡。一句貼切的語言，一句動人的言辭，再加上動之以情，曉之以理的真誠話語，對方就是一座冰山，也會被你融化掉的。

■ 寬容之心化解矛盾之爭

　　每天上下班的生活，除了勞累以外，通常也會讓上班族感覺很煩躁，常常會因為一件小事，一句不注意的話，使人不理解或者不被信任，但是你不必去介意，以律人之心律己，以怨己之心恕人，這就是寬容；面對他人一個小小的過失，回以一個淡淡的微笑，帶來包涵諒解，這就是寬容。寬容別人，得到的回報往往要比你想像的更多。

　　正真的寬容，應該是能夠容人之短，又能容人之長的。既能夠做到對別人寬容也能做到對自己寬容。在職場中如果具備了真正的寬容，就能取人之長，補己之短，使自己受益匪淺。以寬容的心去對待別人的過錯，會比責罵出發更加讓人銘記於心，同時也會對你的寬容報以敬佩之情。

　　古代有位老禪師，一天晚上在禪院裡面散步，突然發現牆角邊有一張椅子。老禪師一看便知道是貪玩的小和尚違反了寺規偷偷翻牆出去玩了。老禪師也沒有聲張，走到牆邊，移開椅子，然後就蹲在了地上。

　　天快黑的時候，果然有一個小和尚翻牆，黑暗中踩著老禪師的肩膀跳進了院子。當他雙腳著地時，才發覺自己剛才踩的不是椅子，而是自己的師傅。小和尚頓時驚慌失措，張口結舌。他以為一頓處罰是躲不掉了。可是老禪師卻連責備的話都沒有說，只是語調平靜地說：「回去休息吧，夜裡蓋好被子。」

　　從那以後，小和尚每當想要跑出去玩的時候，就想到師傅那句叮囑他的話，然後就會靜下心好好地念經。

　　老禪師用寬容教育了自己的弟子，效果要比責罰好得多。心理學家指

出：適當的寬容，對於改善人際關係和心裡健康是有益的，它可以有效防止事態擴大而加劇矛盾，避免產生嚴重的後果。不要偏執地認為，寬容是軟弱的象徵，其實不然，有軟弱之嫌的寬容根本稱不上是真正的寬容。寬容是人生難得的佳境 —— 一種需要操練、需要修行才能達到的境界。這裡，我再次想到了《三國演義》中的諸葛亮。

諸葛亮初出茅廬時，劉備稱其為「如魚得水」。這引起了關羽和張飛二人的不服。在曹兵突然來襲的時候，關羽和張飛便「魚」呀、「水」呀地對諸葛亮冷嘲熱諷，諸葛亮顧全大局，絲毫沒有和他們二人計較，仍然對他們二人委以重用。

新野大戰在諸葛亮的指揮下，劉備的部隊大勝曹兵。從此關羽、張飛二人對諸葛亮佩服得五體投地。

如果諸葛亮當初和他們一般見識，爭論糾纏，勢必造成將帥不合，人心分離，新野大戰也不會勝利，更不會有後來的勝利了。沒有根據就猜疑他人的不是，說明我們缺乏對他人最基本的信任，缺乏仁愛寬厚、與人為善的寬大胸懷。

就像是在職場中，如果你因為某個同事一句無心之言，一個無心之過便從此懷記在心，那麼勢必會影響到你們今後在工作上的合作。做人原本是件很簡單的事情，一點寬厚之心就可以緩解人與人之間的矛盾，又何樂而不為呢？

【職場點兵】

為人處世，當以寬大為懷。俗話說：冤冤相報何時了，得饒人處且饒人。在短暫的生命里程中，學會寬容，意味著你的人生更加快樂。

■ 主動擁抱你的對手

　　俗話說：忍一時風平浪靜，退一步海闊天空。很多人認為退讓是懦弱的表現，起了紛爭，彷彿只有爭出了高下，拼出了你死我活才算證明了自己的實力。其實，退讓並不是懦弱的表現，退讓是為了積蓄更多的力量更好地前進。爭執只會讓你多了一個敵人，少了一個朋友。

　　職場就像一張網，錯綜複雜，我們難免與同事或是上司有誤會或摩擦，這時候，你要善待恩怨，學會尊重你不喜歡的人，在自己的仇恨袋裡裝滿寬容，那樣才會少一份怨恨，多一份快樂。古希臘流傳這樣一個神話故事。

　　有一位叫海克力斯的大英雄，一天他走在狹窄的山路上，一個袋子擋住了他的去路，海克力斯不小心踩了那東西一腳，誰知那東西不但沒被踩破，反而膨脹了起來，並且加倍地擴大著。

　　海克力斯很生氣，拿起一根木棒砸它，結果那東西竟然膨脹大到塞住了整個路。這時，山中走出一位聖人，對海克力斯說：「朋友，別再動它了，它叫仇恨袋，你不犯它，它便會小如當初，你侵犯它，它就會膨脹起來，擋住你的路，與你敵對到底。」

　　其實我們也經常犯和海克力斯一樣的錯誤。面對矛盾，不願意吃虧，步步緊逼，據理力爭，死要面子，認為忍讓就是沒了面子失了尊嚴，最終只會使得矛盾不斷升級，不斷激化。其實忍讓並不是不要尊嚴，而是成熟、冷靜、理智，心胸豁達的表現，一時退讓可以換來別人的感激和尊

● 善解人意的人會吸引到更重要的人

重，避免矛盾的加深，豈不是更好嗎？

和同事之間，同在一個辦公室，產生了矛盾如果都不肯退讓，那麼勢必會傷了和氣，都說冤家宜解不宜結，給自己找了個敵軍，就等於給自己的工作的道路上埋下了一顆定時炸彈。同時也會讓其他同時覺得你是一個沒有度量的人，老闆也會覺得你是一個無法與同事和諧相處的人。倘若你是一個懂得讓步的人，也許你失去的只是一時的威風，但是卻少了一個死對頭，不僅能夠在辦公室中顯示出你的風度，還能讓老闆看到你是一個能屈能伸的人。

除了同事，還有和老闆之間，也要和睦相處，你對老闆的退讓，老闆能夠感覺到你對他的尊重。這時，你雖然是受到了一點委屈，但是等待你的將是更廣闊的職業道路。

很多時候，我們面對的不是一些大是大非的問題，所以沒有必要針鋒相對。退一步，別人過去了，自己也可以順利透過。主動的退讓，輸的是一時之氣，贏的是更大的面子。

一次，巴斯德正在自己家中的實驗室中工作。突然闖進來一個身材魁梧的男人，那個男人一進來就指著巴斯德說：「你這個混蛋，誘騙我老婆！我要和你決鬥。」

巴斯德想了很久，也沒有想的自己和哪個有夫之婦有過瓜葛，面對平白無故地被冤枉。一般人早就以武力解決問題了。可是巴斯德卻沒有這樣做，他看著眼前這個男人，健碩而高大。與他決鬥，肯定是兩敗俱傷。於是巴斯德平靜地說：「我是冤枉的……」沒想到那個失去理智的男人，根本不聽巴斯德的解釋，執意要和他決鬥，還不停地咒罵著巴斯德。

無奈之下，巴斯德只好說：「決鬥可以，但是我有權利選擇武器。」

那個男人同意了。接著，巴斯德指著自己面前的兩個燒杯說：「這兩個燒杯中，一杯是天花病毒，一杯裡面是清水。我們各選一杯喝掉，為了顯示我的公平，你先選吧！」

那個男人顯然沒有想到巴斯德會用這樣的方式和他決鬥，在生死選擇的關頭，那個男人只好停止自己的謾罵和決鬥的想法，識趣地離開了實驗室。其實那兩個燒杯中都是清水，巴斯德就是運用以柔克剛的方法，才遏止住了對方的火焰。

像巴斯德一樣，凡是一些非原則性的事情都可以選擇退步。歷史著名的「廉頗和藺相如」的故事，曾令多少人為之感動。正是因為他們之間的相互退讓，才沒有給秦國可乘之機，忍了一口「閒氣」，換來一個國家的安寧、平靜。

在工作中，什麼樣的事情都可能遇到，也許有時候並不是你的錯誤，但矛盾產生了，就要懂得低頭，這樣不單可以緩和矛盾，也能緩解矛盾，而爭執在大多數情況下只能激化矛盾。聰明的人，不會透過爭執來證明自己有多少實力，只會透過退讓來顯示自己的度量。

【職場點兵】

一個人只有深諳進退之道，知審時度勢，才能洞悉對方的意圖，能審視自己的處境，從而知進識退，揮灑自如，在與人的交流中遊刃有餘，左右逢源，在職場中立於不敗之地。

■ 好印象勝過好形象

　　許多職場新人都有這樣的心理經歷：初到一個新的工作環境中，不知道怎樣和同事相處。相處好了，以後在一起合作起來也比較順心。相處不好，說不定就給自己埋了個「定時炸彈」。有這樣的心裡是很正常的，我們不妨先來看看 A 女士是怎樣做的。

　　由於丈夫工作環境的原因，這已經是 A 女士換的第五份工作了，每一次辭職都能引來辦公室同事的集體送別，有的女同事還會因為不捨而掉眼淚。這不，才來了這個公司半個月，她就已經是這個辦公室裡最受歡迎的人了。其中和她最要好的 L 女士，甚至對她們的相識有點相見恨晚的感覺。可是誰也不知道，L 女士最難堪的一面曾經赤裸裸地展露在 A 女士的眼中。

　　那是 A 女士來公司報到的前一天，在百貨公司內，A 女士看見一名長得很凶悍的婦女狠狠地一巴掌打在了一個漂亮的少婦臉上，並大罵了一聲「狐狸精」。那位少婦的鼻子頓時血流如注，旁邊看熱鬧的人都紛紛指指點點。這時 A 女士走上前去，把手裡的紙巾遞給了 L 女士，L 女士抬起頭，感激地看了一眼 A 女士。

　　本來以為事情會就此結束，沒想到 A 女士來報到的第一天，竟發現她和 L 女士同處一「室」。不過 A 女士卻像不認識 L 女士一樣，像對待其他人一樣對待 L 女士。起初 L 女士每天都在害怕第二天上班的時候有人對自己指指點點，可是很久過去了，都沒有聽別人對自己的議論。從那以後 L

女士在工作中處處幫助 A 女士，並把她當作自己的好朋友。

從 A 女士對待 L 女士的這件事情上我們就能看出她為什麼能受到大家的歡迎了。因為 A 女士能夠做到看穿但不說穿，什麼事情自己心裡有數就好。嚴格來說，與同事的關係遠遠要比同學之間、朋友之間的相處更為複雜。因為，同事雖然是事業的合作者，卻也是利益的競爭者。那麼怎樣才能在初次見面或者是相處不久的同事心裡留下好的印象呢？ 以下幾點可供參考：

第一，不要把個人的好惡帶進辦公室

每個人都有自己喜歡的與討厭的，但要記住切勿將此帶入職場。因為你的新同事可能都很有個性，有自己獨特的眼光。也許他們的衣著打扮或是言行舉止不是你所喜歡的，甚至為你所討厭的，你可以保持沉默，但不要去多加評論，更不要以此為界線劃分同類和異己。你最好能多點「相容」，要是因此而惹惱他們，那你會樹敵過多，以後的日子就不好過了。

第二，拿捏分寸，不過問同事的隱私

在你的同事中，有一類人比較重視自己的隱私權，尤其是自己的私事不願意讓別人知道，哪怕是最好的朋友。過分關心別人的隱私是無聊、沒有修養的低素養行為。這就意味著你與這類同事在一起的時候，得掌握好交流的分寸，工作或是資訊上的交流，或是一起遊玩都是讓雙方感到高興的事情，但是切記別介入他們的隱私，否則你就會討了對方的嫌。

第三，尋找和同事之間的相同愛好，增加親密度

當你看到有的同事下班以後一起出去郊遊、跳舞、酒吧時，你不妨試著問問自己是否能一起參與，相信大多數是沒有人會拒絕你的。和同事們一起行動，一起分享，可以借此增加彼此之間的了解與親密。這不僅讓你

● 善解人意的人會吸引到更重要的人

獲得更多的快樂和放鬆，稀釋內心的壓力，更有助於培養一個和諧的人際關係，從而在工作上配合得更好。

第四，經濟往來，AA 制是最佳選擇

和同事相處，經濟上的往來是不可避免的。比如大家一起出去吃飯，一起出去唱歌等。如果有經濟上的往來，最好的辦法就是 AA 制。這樣大家心頭沒有負擔，經濟上也都承受得起，除非你有特殊的原因向大家講明白，不然千萬不可「小氣」了，把自己的錢包抓得緊緊的。如果有同事有高興的事情要主動請客，那你就給對方面子，同時別忘了多說些好話。

第五，不要拒絕做他們的生活夥伴

在傳統的職場上，同事間除了工作上的接觸，生活上基本沒有來往，甚至大家都在可以躲避。現在的職場與以往已經不同了，同事之間已經發展成為生活夥伴，相互幫忙和照應是最方便不過的。比如一起合租房子，一起搭車上下班，既方便又實惠。所以當有的同事願意接納你為他的生活夥伴時，你不要抱著不相往來的心理，而要高興地接受，因為經濟上的互利，可以在工作上提供方便，同時也促進了人際上的融合。

按照以上的五點去做，相信一定能為你的人際關係加分。

【職場點兵】

「謹於言，甚於行」是在職場中與同事相處融洽不變的原則。想要給別人留下好印象，就要不說你不該說的話，做你應該做的事情。

■ 聰明地和 3 種小人過招

在你的同事中，有的為人光明磊落，在工作中戰戰兢兢，你們是很好的合作夥伴，同時也是彼此競爭的對象；有的同事則是小肚雞腸，一直把你當成是眼中釘肉中刺。能否在辦公室中立穩腳跟，關鍵還要看你是否能巧妙的躲避過小人的「明槍暗箭」。

樂觀來看，在我們身邊，好人還是能占到 70% 的，其餘的 20% 多數也會扮演著君子的角色，剩下的 10% 可能就是徹底的小人了。這 10% 的小人大致可以分為三個類型：

第一種類型 —— 搬弄是非型

是非型的人充其量是個小人，還不是惡人。所以不用對他們如臨大敵，對於一般的謠言，記住「清者自清」，不必理會；對於過分的謠言，完全可以告上「公堂」，謠言很多時候已經形成誹謗，誹謗則可能侵犯了你的名譽權，不能坐視不管。

對於這種人，最好的辦法就是在辦公室裡敬而遠之。有一點你最好要注意，就是盡量不要在辦公室裡談你的私事，因為是非型的人最喜歡打探別人的隱私，你的隱私當然會是他們的素材。

第二種類型 —— 欺上瞞下型

這種人通常是你的主管或是工作性質極為類似的同事身上。從管理層角度看來，他是一個平易近人、兢兢業業的好經理；作為他下屬或同級看他，他是一個飛揚跋扈，胡作非為的人。

● 善解人意的人會吸引到更重要的人

他們的手段最常見的就是把你辛苦寫出來的企劃書，換成他自己的名字然後再轉呈出去。這種小人剽竊你的才華，也不會對外聲張你的能力或者是表現，更不會給你任何回報。

碰到這種小人首先解決的辦法就是，詳細記錄自己所有的工作檔案，對於無機密的資料發送一份副本給同部門或專案相關人員，萬一無法這樣做時，最起碼是發送給主管之前，先發一份到自己的郵箱，畢竟時間點的辨識是一個較難作假的重點，哪怕這樣的案子最後被你主管拿去邀功，但當別人問起你的工作表現時，就適當地將這些紀錄拿出來。若有機會和你的頂頭上司交談，那就應該趁機問一下：「您是否看過我寫的 ×× 專案，您認為有哪幾個重點需要再修正？」

如果你任由這種「欺上瞞下」的做法越演越烈，那麼，所有的功勞你都沾不上邊。許在你離開的公司的時候，你就會被貼上「能力不足」、「績效不彰」的標籤。這個時候，你應該主動發出聲音：「這是我做的，我有事實做佐證。」

第三種類型 —— 笑裡藏刀型

這是最危險的一種人，因為他們像是披著羊皮的狼，在讚美你的同時，可能就在尋找你的弱點。

這種人對人的奉承，可以直達你的心靈深處。他能藉此吹捧的才能從一個普通職員「爬」到非常重要的職位。每一位新人在初來公司的時候都能體會到他的熱情，他看起來那麼善意，那麼富有誠意，對你又那麼關心。當你感動地把他當作知己以後，一旦你們之間有了利益衝突，他對你的了解就成了他打擊你的最好武器。

如果你已經感到了這種人的危險，最好的辦法就是表面上還要跟他維

持友好關係，暗地裡要防範他，與他交流只限於公事，個人隱私、同事是非一概守口如瓶，只要凡事有所保留，他便無法向你下手。就算是他來籠絡你，也不要加入他的圈子。如果你不幸與他衝突，一定要在他開始傷害你之前就越過他，直接和主管溝通一些情況。

辦公室中的人際交流是最不能小覷的，往往你有著很強的實力，卻因為不能諳熟人際交流中的「潛規則」而被淘汰掉。俗話說「明槍易躲，暗箭難防」，所以還是打起十二分精神來，巧妙的處理和其他同事之間的關係。

一個圓滑的人，在職場中發展起來才能暢通無阻。我相信大多數的老闆也願意僱用這樣的員工，不管和什麼樣的同事在一起都能很好的相處。

【職場點兵】

古人云：寧得罪君子，不得罪小人。也有人說：唯小人與女子難養也。只要能夠處理好於小人的關係，相信其他的關係你都能處理得當。

■ ※ 職場便利貼 —— 測試你是否善解人意

1. 當一個同事喪失了自信。他說：「本來這次我是絕對有信心的，可是，他們還是說我沒有才華。我再也不做音樂了！」你會說……

    A. 過度自信反而毀了你。

    B. 現在就放棄吧，讓過去的全部成為過去吧！

    C. 絕不能這樣，總會有出頭的一天。

2. 當一個同事過度的自我嫌棄。他說：「我總是說些多餘的話。剛才在電話裡，我還傷害了她（他）。」你會說……

    A. 說話過了頭嘛，別在意。

    B. 別對漫不經心的話太在乎了，對方不會多心的。

    C. 我也不太會講話，這一點倒是和你很像。

3. 當一個同事自暴自棄。他說：「為什麼我這麼倒楣呀！ 我要和她分手！」你會說……

    A. 她那麼說也有她的道理嘛，別那麼生氣了。

    B. 你和我比起來還算幸福的。

    C. 爭吵就會兩敗俱傷。好好考慮啊！

4. 當一個同事滿腹牢騷時。他說：「最近工作忙得團團轉，有時還在公司過夜。給這麼少的薪水，又叫人做這麼多工作，真受不了。」你會說……

    A. 好好做嘛，只會發牢騷，還不如辭職算了！

B. 你不是說過喜歡這份工作嗎？ 這一陣子是比較忙，要加油！

C. 別太拚命了，要吃些補品啊。

5. 當一個同事精力衰退。他說：「不知什麼原因，總是情緒低落。」
你會說……

A. 是不是正處於低潮呢？ 這種情況是很正常的。

B. 嘿，別這樣，你太鬱悶了，打起精神來！

C. 這種情況最好是活動一下身體，可能是運動不夠造成的。

得分表：

	A	B	C
1	0	3	1
2	1	3	0
3	3	0	1
4	0	3	1
5	3	0	1

0～3 分

非常遺憾，你可能是缺乏體諒對方的能力。你是否在人際交流方面不太順利呢？

不能讀懂別人內心的人有以下特點：

1、固執；2、沒有責任感；3、單一；4、表面化；5、不顧大局；6、感情用事

4～10 分

A. 理智優先

你雖能體會到對方的心情，但卻不善表達；雖然笨拙，但和藹可親，

● 善解人意的人會吸引到更重要的人

這一點是沒人可比的。儘管你不善言辭，可是你的關懷還是能夠傳遞出去。如果你畫蛇添足地詳細說明，你的真誠反而會退色。

11 ～ 15 分

B. 情感優先

你往往過分誠懇，超過一般地投入感情，大概是感受能力比較強吧。但是有時這樣做反而會成為對方的負擔。你的弱點在於過度受對方情緒的影響，常常會自己也感染上別人的情緒。

第十章
時間就是力量：抓緊今天這一天

　　時間觀念，是指企業在市場行銷活動中重視時間作用的一種市場觀念。簡單點說就是對待時間的態度以及如何規劃時間的方法。也是人的根本品格；是對被約定人的起碼尊重。

　　作為職場個人來說，時間觀念是你在工作上最為重要的準則。對於初入職場的你，擁有高度時間觀念是你是否能高效完成工作的基本。本章核對總和發現你是否具備這種優勢。

珍惜與人相處的每一秒

在工作和生活中，你如何對待時間呢？你是否曾經換一個角度去評估自己對時間的利用率呢？

無論當老闆還是做職員，一個做事有計畫的人總是判斷自己面對的顧客在生意上的價值，如果對方說很多不必要的廢話，他們會想出一個收場的辦法。

同時，他們也絕對不會在別人的上班時間，去和別人海闊天空地談些與工作無關的話，因為這樣做實際上是在妨礙別人的工作效率，也妨礙他的老闆應得到的利益。善於應付客人的人在得知來客名單之後，就決定預先準備出多少時間。老羅斯福總統就是這樣做的一個典範：

當一個很久不見卻只求見一面的客人來拜訪他時，老羅斯福總是在熱情地握手寒暄之後，便很遺憾地說他還有許多別的客人要見。這樣一來，他的客人就會很簡潔地道明來意，告辭而返。

成功的人最可貴的本領之一就是與任何人來往，都能簡捷迅速。這是一般成功者都具有的通行證。一個人只有真正認識到時間的寶貴，他才有意志力去防止那些愛長舌的人來打擾他。

在美國現代企業界，與人接洽生意能以最少時間發生最大效力的人，首推金融大王摩根。他除了與生意上有特別重要關係的人商談外，還從來沒有與人談到 5 分鐘以上。

為了恪守珍惜時間的原則，他招來了許多怨恨，但其實人人都應該把

摩根作為這一方面的典範,人人都應具有這種珍惜時間的美德。通常,摩根總是在一間很大的辦公室裡,與許多職員一起工作,他不像其他的很多商界名人,只和祕書待在一個房間裡工作。摩根會隨時指揮他手下的員工,按照他的計畫去行事。如果你走進他的那間辦公室,是很容易見到他的,但如果你沒有重要的事情,他絕對不會歡迎你的。

有很多深謀遠慮、目光敏銳、吃苦耐勞的大企業家,都是以沉默寡言和辦事迅速、敏捷而著稱的。即使他們所說出來的話,也是句句都很準確、很到位,都有一定的目的。他們從來不願意在這裡頭耗費一點一滴的寶貴資本 —— 時間。當然,有時一個做事待人簡捷迅速、斬釘截鐵的人,也容易引起一些不滿,但他們絕對不會把這些不滿放在心上。

為了自己能夠在職場中有所成就,為了要恪守自己的規矩和原則,你要珍惜你與任何人相處的時間,對於那些對你工作沒有任何幫助的無關人士,就不要讓他們浪費你的時間。

【職場點兵】

成功的人最可貴的本領之一就是與任何人來往,都能簡捷迅速。一個人只有真正認識到時間的寶貴,他才有意志力去防止那些愛饒舌的人來打擾他。

■ 經常看時間並合理分配時間

你是否經常宣稱自己沒有時間，卻一天看幾個小時的電視；你是否經常抱怨自己還要加班，然後在本來應該工作的時間裡打四五通私人電話，與同事閒聊寒暄。如果你也是這樣的話，那可要小心了。時間問題處理的好壞程度，將決定你能把自己的工作和個人生活之間的衝突降低到什麼程度。

在工作中，有些人總是抱著「當一天的和尚撞一天鐘」的思想得過且過，每日消磨著時間，在此類人的眼裡，時間是漫長和無謂的，而當時間流逝之後，他們才發現時間如流水，一去不復返，才意識到時間的可貴，才後悔自己沒有把握住時間。要把時間當作是金錢，擁有了這樣的經濟觀念，你就會懂得掌握時間是多麼重要了。中世紀後期義大利建築師萊昂·阿伯提就是這方面的典範。

萊昂·阿伯提是一名義大利文藝復興時期的通才，他曾寫過的信件保存流傳至今。

從他的信件中我們可以看出，年輕時候的阿伯提是現代時間管理的先驅者。他寫道：「早上起來，我做的第一件事就是對自己說：今天要做什麼？這麼多的事情要做，我盤算著、想著，然後，把時間分配到各種事情中。」接著他又寫道：「我寧願少睡一點，也不願意失去時間，要嚴格要求自己，做該做的事情。睡覺、吃飯都可以明天去做，但今天的生意絕不能等到明天。」阿伯提告誡自己：「要經常看時間，要合理分配時間，要一心都在事業上，絕不能白白浪費每一個小時的時光。」他的自勉讓他寫出了這樣的

詞句:「只知道珍惜時間還是不夠,還必須知道怎樣利用時間。」

時間,每天都是 24 小時。同樣的 24 個小時,有的人可以賺上幾百萬,甚至上千萬,有的人卻一事無成,關鍵是看你怎麼來利用。珍惜了,它就化作了你的財富;虛度了,就是浪費了。

一代女皇武則天在她 70 多歲時,看到一群年輕的考生入朝聽封,不禁感慨道:「如果可能,朕願意用萬里江山來換你們的青春!」在短短的一生中,有人叱吒風雲,有人卻碌碌無為,抱憾終身。凡是在事業上有所成功的人,都是分秒必爭的。越是成功,就越是懂得時間的價值。

周彤在一家顧問公司上班,她平均每年要負責處理 150 個案件,而且她的大部分時間都是在飛機上度過的。周彤認為和客戶保持良好的關係非常重要,所以,就算是坐飛機,她也在發郵件給客戶。她說:「我已經習慣如此了,這有什麼壞處呢?」一位等候行李的旅客對她說:「在近 3 個小時的時間裡,我注意到妳一直在寫郵件,我想妳一定會得到老闆的重用的。」周彤聽後,笑著說:「我已經是公司的副總經理了。」

凡是在工作中表現出色,得到老闆賞識的人,都有一個促使他們取得成功的好習慣:將清閒變為「不閒」,也就是抓住工作時間的分分秒秒,不圖清閒,不貪暫時的安逸。一個用分來計算時間的人,比一個用時來計算時間的人,時間多出 59 倍。所以每一個身在職場的人都從現在開始,珍惜每分每秒,來成就你工作中的輝煌吧!

【職場點兵】

時間,給懂得掌握的人帶來智慧與財富,給不懂得掌握的人留下一片悔恨。做一個掌握時間的典範,不要「少壯不努力,老大徒傷悲」。

● 時間就是力量：抓緊今天這一天

■ 守時的公雞從不拖延鳴叫

　　說到守時，大家會不約而同地想到公雞。每當黎明的第一線曙光出現在地平線上，公雞總是滿懷激情地引頸高歌，提醒著人們新的一天已經到來。無論是嚴冬還是酷暑，從未間斷過。

　　如今，遲到已經成為一種流行病，因為很好找藉口──「對不起，塞車了。」「剛出門的時候，有點事耽擱了。」這些都是冠冕堂皇的理由。所以許多員工經常上班遲到，以致形成習慣。

　　對於慣性的遲到，不要不以為然，因為遲到也會成為一種病。不管是上班還或者開會，老是讓同事苦等你一個人，也許你認為遲到一下子，沒什麼值得大驚小怪的。但是經常性的遲到，不僅僅是主管，同事也會怪罪於你的。縱觀歷史，凡是成功的人，都是十分守時的人。

　　拿破崙就是一個時間觀念很強的人。有一次他請手下的幾位將軍用餐，時間到了，那幾位將軍還未到，拿破崙便一個人大吃起來，等那些人來到後，他已經吃完了。他對他們說：「諸位，聚餐的時間過了，現在我們開始研究事情吧。」把那些人窘得下不了臺，以後再也不敢遲到。

　　拿破崙透過行動來告訴那些人，守時的重要性。作為將軍，你所掌控的一分一秒通常關係到整個國家的命運。在戰場上，沒有人會等你到了再開戰。你遲到時間的下一秒，很可能就是你人頭落地的時候。職場如戰場，只是少了些戰火而已。不要因為遲的那幾分鐘耽誤了自己的前途。

　　前幾天張總接到了一個朋友的電話，意思是想約張總吃飯。

可是到了約定的那天，張總遲到了半個小時還沒有來，那位朋友只好自己先吃了，直到快吃完的時候，才見張總滿頭大汗地跑進來，邊擦汗邊解釋道：「對不起！忘了！忘了！」他朋友看到張總這個樣子，就半開玩笑地問：「要是美國總統一年前就約你，你也會忘記嗎？」張總聽後一臉認真地說：「那當然不會忘記！天天都會想一遍！」

張總的朋友聽在耳朵裡，記在了心裡。雖然沒有說什麼，但是卻把原本一個想交給張總的專案嚥回了肚子裡。

一個小小的遲到，張總失去了一個客戶。不是對方的太過計較，而是對方從這小件事情上看到了張總的態度，一個不把自己放在心上的夥伴，是無法長期合作下去的。由此可見，你遲到了，不僅僅輸掉的是你的時間，別人的時間，更重要的是你的信用，還有你的人品。不要以為時間只是一個小問題，小問題往往才是決定事情成敗的關鍵因素。如果你總是遲到，就要想辦法讓自己克服這個毛病。

魯迅13歲時，他的祖父因為科場案被逮捕入獄，父親長期患病，家裡越來越窮，他經常到當鋪賣掉家裡值錢的東西，然後再在藥店給父親買藥。有一次，父親病重，魯迅一大早就去當鋪和藥店，回來時老師已經開始上課了。老師看到他遲到了，就生氣地說：「十幾歲的學生，還睡懶覺，上課遲到。下次再遲到就別來了。」

魯迅聽了，點點頭，沒有為自己作任何辯解，低著頭默默回到自己的座位上。

第二天，他早早來到學校，在書桌右上角用刀刻了一個「早」字，心裡暗暗地許下諾言：以後一定要早起，不能再遲到了。

以後的日子裡，父親的病更重了，魯迅更頻繁地到當鋪去賣東西，然

● **時間就是力量：抓緊今天這一天**

後到藥店去買藥，家裡很多事情都落在了魯迅的肩上。他每天天還沒亮就早早起床，料理好家裡的事情，然後再到當鋪和藥店，之後又急急忙忙地跑到私塾去上課。雖然家裡的負擔很重，可是他再也沒有遲到過。

在要照顧病重的父親，料理家中雜事的情況下，魯迅都能做到按時到私塾上課。但很多沒有任何負擔的人卻經常遲到，為什麼他們做不到守時呢？僅僅是因為起不來或者是塞車等因素嗎？不是這樣的，是因為他們根本沒有時間觀念，他們認為遲到幾分鐘無所謂。殊不知，透過你對時間的掌握，別人往往能看出你的態度是不是真誠。

如果你還在每天踩著時間點上班，如果你還是常常讓客戶等個一兩分鐘，如果你還是例會上那個讓大家久等的人，那麼請你從現在開始做一個遵守時間的人，不要讓你的職業生涯斷送在「遲到」二字上。

【職場點兵】

打破遲到的壞習慣，對你的職業人生是一種勝利。所以不要推遲這場這場戰鬥，從現在開始，勇敢地和遲到抵抗吧！

■ 你的工作可能毀於沒有條理

一個在商界頗有名氣的經濟人把「工作沒有條理」列為許多人在工作中失敗的一大重要原因。工作沒有條理，同時又想把工作做好的人，總是會覺得自己的時間不夠用。他們不僅加班，還用了自己的業餘時間，以為這樣工作就能做好了。其實他們缺少的不是時間，而是他們工作缺乏合理的規劃。

有這樣一個急性的人，不管你在什麼時候遇見他，他都很匆忙。如果要和他談話，他只能拿出數秒鐘的時間，時間長一點，他便要拿出錶反覆看，向別人暗示他的時間很緊迫。他在公司做的業務雖然很大，但是給公司帶來的經濟壓力也很大。究其原因，只要是他在工作上毫無次序，顛三倒四，做起事情來，也常為雜亂的事情所阻撓。

結果他的工作一團糟，辦公桌上也是亂七八糟。他經常很忙碌，從來沒有時間來整理自己的東西，即使有時間他也不知道怎樣去整理、擺放。

這個人自己工作起來沒有條理，導致在他手下做事的人的工作也是混亂不堪，毫無次序。

另一個人，卻恰恰與他相反。他從來不顯出忙碌的樣子，做事情非常鎮靜，總是平靜祥和。他周圍的人無論有什麼難事和他商談，他都是一副彬彬有禮的樣子。在他手下做事情的人，都是寂靜無聲的埋頭苦幹，各樣的東西擺放地有條不紊，各種事務也安排得恰到好處。

他每晚都要整理自己的辦公桌。對於重要的檔案都放在一個顯眼的地

● **時間就是力量：抓緊今天這一天**

方，把自己第二天就要用到的檔案放在自己眼前的地方。因為工作有次序，處理事務有條理，他的時間從來不會因為事情成為一團糟而浪費。

其實第二個人所做的業務要比第一個大過百倍，但是從外表來看卻看不到他的一點慌亂。所以說，只有那些辦事有次序、有條理的人，才會成功。越忙越要有計畫，把自己的工作進行合理的安排，不但不會約束我們，還會令我們把工作做得更好。

1. 在記事本上寫下你的計畫

每天晚上上床以前寫下第二天的工作，此時不是考驗自己記憶力的時候，記下所有的工作後，你可以睡的安穩一些，否則你可能一整個晚上都在擔心會把事情忘記。

記下工作後，你的腦子才有時間去解決問題，而不只是記住問題。只要你能利用潛意識解決問題，你就會發現它的作用相當驚人。一旦你寫了一些東西下來，大腦就會在「不知不覺」中開始解決問題。記下工作就表示你許下了承諾，如果有一件事情不值得記下來，那麼這件事情大概也不值得去做。

2. 計畫表應該簡單明瞭

單獨準備一個本子，把自己的計畫都寫下來 。然後確定優先次序，想好用最好的方法去做。可以使用 ABCDE 方法：

A 級工作是非常重要的工作，是你必須做的工作，否則後果嚴重

B 級工作是你應該要做的工作，但後果不很嚴重

C 級工作是做了更好，不做也不會有什麼不良的後果

D 級工作是你可以委託別人做的工作

E 級工作是你可以根本不管的雞毛蒜皮的事情

3. 定期檢查計畫表

早晨起來的第一件事就是查看計畫表，如果你確定你要做的事情都在計畫表上，而且每天都會檢查計畫表，那你就絕對有事情忘記做。同時也能時時提醒自己什麼時候該做什麼，不至於讓自己的一天都處於手忙腳亂之中。

4. 在計畫項目旁標注日期和時間

制定完成計畫表上每項工作的時間是下定決心完成一項工作最好的辦法。

大多數人只會記錄會議和約會，而拿破崙·希爾則是利用以半小時做劃分的工作日記規劃工作及約會，他認為只有講工作的時間都安排後，才能真正完成這些工作。

5. 製作長期的計畫表

規劃長期的計畫表，並預計長期計畫表上每一個計畫需要花多長時間完成，然後再利用這些週計畫、月計畫、甚至年計畫來製作每日計畫表。

6. 留有預留時間

在給每項工作規定時間的時候，最好預留出一點時間。不要以為這是在浪費時間，相反，這點時間能夠幫你把事情準備的更加充分，減少了你在執行時候可能出現的錯誤。

7. 節省時間

①確定一項任務是不是非做不可

有效分配時間是重要的環節，就是把可有可無的任務取消掉。不要讓無所謂的事情耽誤了你的時間。

②把任務委託給他人

不是所有的事情都要你親自完成。對於別人能夠勝任的，而你又不太擅長的事情，你可以把這件事交給別人去做。

③養成好習慣

用過的東西，要把他放在原處，下次用起來會很容易就找到；不要藏東西，這樣很可能最後你自己也找不到；如果自己的記性真的很不好，可以借助你身邊記性好的人，告訴他們你的東西都放在哪裡，必要的時候向他們尋求幫助。

8. 不要忘了給自己規定休息的時間

工作固然重要，對於工作纏身的人來說，每一分每一秒都十分重要，但越是這樣越是要給自己規定出休息的時間。適當的休息時間會讓你精力更充沛地去執行你的工作。過度的勞累不但不能使工作高效率的完成，反而會降低工作的品質。

對工作做完合理的規劃後，就要按照自己的計畫去執行。執行計畫不是一件簡單的事情，但如果你實現了制定的計畫就一定會成為所在工作領域中的佼佼者。

【職場點兵】

做事沒有條理、沒有次序的人，無論做哪一種工作絕對沒有功效可言。而有條理有次序的人，他的工作往往會有相當的成就。

■ 最重要的事情排第一

當你開始一天的工作的時候，你會發現有很多事情等著我們去處理，而且許多事情都是看起來還顯得非常緊急的，比如電話響個不停，馬上就要召開的會議，給某個客戶的回信等等。那麼什麼事情才是我們必須馬上去做的呢？

其實，我們每個人一天所做的事情中，至少有 80% 是並不重要的，可我們大部分人的時間都花在了 80% 不重要的事情上。這是時間管理的一個關鍵的問題，那麼我們應該怎麼辦呢？我每天都會路過一個公園，這個公園中有兩個花園，花園中的園丁會告訴我們怎樣去做。

這兩座花園一個在南，一個在北。南邊的那個花園雜草叢生，北邊的那個則盛開著美麗的鮮花。然而，令人奇怪的是：每天都能看見南邊花園裡的園丁不停地忙碌，似乎一刻也沒有休息過。北邊花園裡的園丁卻悠閒地吹著口哨，逗著林子裡的鳥群。

一位遊客好奇地去問北邊花園的園丁有什麼祕訣，園丁回答說：「因為他在用心地拔雜草，而我在用心地種鮮花。」

北邊花園的園丁之所以能夠讓鮮花開滿花園，讓雜草無所遁形，是因為他知道最重要的事情是什麼。把時間都浪費在無謂的事情上，只會讓你錯過了做重要的事情的時機。當你明白了什麼是最重要的事情時，就要把最重要的事情放在第一位來做。

某大學的一堂時間管理課上，教授在桌子上放了一個玻璃缸，然後又

● 時間就是力量：抓緊今天這一天

從桌子下面拿出了一些石頭。接著教授把石頭一一放進了玻璃缸中，直到放不下為止，然後問學生玻璃缸裝滿了沒有。學生們都回答說：「裝滿了。」

聽了學生們的回答後，教授又從桌子下面拿出一小袋石子，然後把小石子倒入玻璃缸中，晃幾下後，又倒進去一些。然後教授又問學生這次玻璃缸滿了嗎。這次學生都不敢回答了。「可能也沒有滿。」只有一個學生用很小的聲音回答道。

教授讚許地點點頭，又拿出一袋沙子倒進了玻璃缸中。「這回呢？」教授問道。「沒有！」全班的學生異口同聲地回答道。

「很好！」教授誇獎完後，又從桌子下拿出一瓶水，慢慢地倒入了玻璃缸中。

這一次是真的滿了，接著教授說道：「我想告訴各位同學的是，如果你不先把大的『鵝卵石』放進玻璃缸中，你可能以後就再也沒有機會放進去了。」

我們工作中的鵝卵石是什麼呢？許多時候，迫於壓力，我們常常把緊急的事情放在第一位，雖然我們知道那些「重要但不緊急」的事情有著更深遠的影響。開始的時候，我們仍然知道重視事情的重要程度，先做些「緊急且重要的」。漸漸地，等我們習慣了這種緊急狀態之後，我們常會不由自主地「到處救火」，轉而去做那些「緊急但不重要的事情」了。

一開始就能知道什麼是最重要的事情，能夠幫我們很快地確定事情的重要性。最重要的事情就是和我們的目標息息相關的事情。這件「最重要的事」會時刻提醒我們，這事雖然緊急，卻並不重要，那件事雖然可以暫且放下，但是卻有助於我們向目標更快的邁進。

　　當你明白了工作中輕重緩急的道理時，你就離高階人士不遠了。就能夠在處理自己一年或一個月、一天的事情之前，分清楚主次來安排自己的時間。知道了最重要的事情是什麼以後，事情也不會自動就去辦好，需要你花很大的精力把這些事情做好，要始終把這件事情放在第一位。下面是幫助你完成最重要的事情的三部曲：

　　第一步，估價。首先，你要有目標、需要、回報和滿足感這四項內容。將要做的事情做一個估價。

　　第二步，去除。就是丟掉你不必要做的事情，把要做但不一定要你去做的事情委託給別人去做。

　　第三步，估計。記下你為目標所必須做的事情，包括完成任務要多長時間，誰可以幫你完成任務等等。

【職場點兵】

　　成功的人，只會把時間放在最重要的事情上。「好鋼要用在刀刃上」，所以要不斷的努力才能保持刀刃的鋒利，不要把時間都用在無謂的事情上，那等於在做白工。

■ 休息，是為更好工作

現在一般的公司工作時間都是從早上九點到下午五點，八小時的工作制。但有些人，常常要加班到很晚，別說八個小時了，十二個小時都是有可能的。這裡面的原因有公司的，也有自己的。

一般拚命工作的人都有這樣的體會：當早上已經連續工作了幾個小時後，身體就會感覺很疲憊，到了中午時分，饑腸轆轆之時，便會覺得全身疲憊到了極點。根據統計，員工在中午開飯前的半個小時或是下午快下班前的工作效率是最低的。

然而大多數老闆和員工都不好意思在公司休息，怕會被別人認為是偷懶。尤其是工作繁忙的時候，更會格外的珍惜時間，即使身體已經疲憊不堪，仍然在堅持，或者喝杯咖啡提提神，然後再接著做。就算是知道此時自己的工作效率已經大打折扣，但就是不捨得「浪費」一點時間來休息。

其實這樣的做法是最得不償失的，明明知道自己的能量已經發揮到了極限，卻仍不願意停下來充電。職場中這樣的人並不在少數，殊不知這才是真正的浪費時間。

一個會工作的人，也應該要會休息。工作和休息是不可分割的。如果處理不好，對身體造成的傷害將是不可估計的。等到身體發出警告的時候，才會真正地明白，在我們的生命中最寶貴是我們的健康，然而沒有了健康，我們又拿什麼去工作呢？

我有一個朋友，是做設計工作的。工作性質的原因，他需要常常加

班。開始的幾年他還做得很起勁。每天熬夜到很晚，三餐也不能按時的吃，因為年輕，晚上睡幾個小時，白天又是精神飽滿地去上班了。

後來很長一段時間，大家都是各忙各的，很少有時間見面。再一次見到他的時候，他比剛畢業的時候瘦了很多，簡直可以說是判若兩人，而且臉色也不好，像是久病未癒的人。一問才知道，原來是因為工作太累了。現在他只要連續工作 3 個月，身體就會吃不消，一般就是上 3 個月的班，然後在家休息上一個多月。這樣就造成了他不停地辭職，不斷地跳槽。對於這樣的生活，他似乎已經習以為常了。他說他的同事大部分都是這樣。我只能深深地為他的健康擔憂。

又過了一段時間，從朋友那裡知道，他徹底地辭職了，因為身體實在吃不消了。於是就準備自己做點小生意，收入肯定不如以前高，也就圖個清閒吧。

我朋友就是典型不會工作的人，工作的時間，他的時間都被一些瑣碎的事情占用了，該休息的時間，他卻在工作。真正休息的時候，卻不是最佳的休息時間，休息了等於沒有休息。

其實，在工作中有很多時間是我們可以用來休息的，利用這些時間小小的休息一下子，不但不會浪費你的時間，反而會提升你的工作效率，最終達到節省時間的效果。

例如，在中午吃完午飯的時候，如果你覺得趴在桌子上休息不雅觀，你可以在辦公室走一走，一來可以幫助食物消化，二來，長時間保持坐姿不利於血液流動，走動可以產生緩解的作用。

或者，你可以靠在椅子上閉目養神一下，時間不必太長，全身放鬆使大腦處於空白狀態，只需要 15 分鐘就可以達到午休的狀態。可以讓你在

下午的工作中精神飽滿地去工作。

　　長時間的坐著，很容易產生疲憊的感覺，當身體感覺麻痺的時候，可以伸伸懶腰，活動一下肩膀和四肢，在辦公室中散散步，喝喝水，都是不錯的放鬆方式，同樣會讓身體得到一些放鬆。

　　還有就是在週末休息或是放長假的時候。工作了太久，難得有休息的時間，大多數人都會約上朋友一起去玩兒，逛街，唱歌，喝酒，看電影……一天下來，其實並不會比上班輕鬆，有時甚至比上班還要累。

　　我建議，在休息和放假的時候，適當的娛樂可以放鬆心情，但是要在上班的前一天調整一下狀態，可以採取一些比較舒緩的放鬆方式，例如游泳，看書，瑜伽，打掃一下房間等，盡量保持和上班時一樣的作息時間，這樣在週一上班的時候才能更快地進入到工作狀態。

　　一個成功的因素有很多，光是把工作做好是不夠的。不會休息的人必然也不會工作，不等工作淘汰你，你的身體就已經敗下陣來了。

【職場點兵】

　　工作時間和休息時間的衝突，是工作效率降低的最重要因素。合理安排自己的時間，給自己安排出休息的時間，你會發現這些你認為「浪費」掉的時間給你意外的驚喜。

※ 職場便利貼 —— 你是否具有時間觀念

週末，你和同事在夜店玩了一整晚，清晨時回家一看，發現窗戶的玻璃破了，室內一團亂，看來是遭小偷了。於是你急忙打電話報警。請問在等警車來的這段時間，你會怎麼做？

A. 邊等邊冷靜地檢查看看自己損失了哪些東西。

B. 先不管丟沒丟東西，想辦法讓自己冷靜下來再說。

C. 在屋裡走來走去，不時張望窗外，看看警車是否來了。

答案：

選擇 A：有效地運用時間，可見是內心相當冷靜的人。理性思考的能力比較強，是屬於時間知覺比較遲鈍的人。由於你向來只相信時鐘上所顯示的時間，並不相信自己的生理時鐘，所以你把時間看成是單調的東西。

選擇 B：先讓身心休息一下，時間觀念是以生理的本能為優先考慮。相當忠於自己的生理時鐘，是屬於天生對時間知覺相當敏銳的人。即使不看表也知道時間，早上起床也不必靠鬧鐘，此種人能在無意識之中控制時間，算是相當懂得掌握行動要領的人。

選擇 C：你的時間觀念要視當時的情況而定。此種行為表示忠於自己的心理狀態，同時顯示你的時間知覺很容易受到你的心理或主觀的因素所左右。在不同情況下，有時你會覺得時間過得很快，有時則會覺得很慢。比方說，同樣的一個小時，工作的時候你會覺得時間很長；約會的時候則會覺得很短。其實一般人都有這種傾向，只不過你的差距比較極端一些。

第十一章
穿出價值百萬的職業形象

　　形象，也就是一個人的外表或容貌，社會學者普遍認為一個人的形象在人格發展及社會關係中扮演著舉足輕重的角色。個人形象並不等於個人本身，而是他人對個人的外在感知，不同的人對同一個人的感知不會是完全相同的。

　　作為職場個人，形象關係你給同事還有上司留下的印象，對於初入職場的你來說，擁有一個過人的形象是你成功的第一步。本章能夠發現你是否具備這種優勢。

■ 你的形象價值百萬

在與人的交流中，第一印象是很重要的，你的第一次亮相，第一次完成任務，這都直接絕對你的老闆以及公司如何評價你。如果你能在最短的時間內脫穎而出，你就比其他人贏得了先機，並且這個領先優勢以後可能會越拉越大。

往往能否獲得一個好印象，第一印象可以占 80%。舉個很簡單的例子，假如你是一個很愛乾淨的人，當你看到一個邋遢的人時，在第一眼你就已經把他否決了，你根本不會願意再去花時間和經歷與他交流，去發掘他身上的亮點。

現代生活的節奏很快，任何人的接觸短暫，往往我們只有一個機會告訴另外一個人我們是誰，在職場中，語言和文字常常是不夠用的，我們只能從形象上打造自己。林肯曾因為儀表問題拒絕了朋友推薦的閣員。

當林肯看到朋友推薦的閣員時，不禁皺起了眉頭，因為這個人太不修邊幅了，於是委婉地拒絕了。

這個朋友憤怒地責怪林肯以貌取人，拒絕了一個才華橫溢的人，與此同時，他指出任何人都無法為自己天生的臉孔負責。林肯聽完朋友的話，淡然地說：「人無法為自己的長相負責，但可以為自己的外觀負責，這點對於一個過了 40 歲的人來說，就更為重要了。」

你可能很優秀，具備一切脫穎而出的潛能，但是你必要找到一個外在是讓老闆一眼就能發現你的潛能。林肯的一席話讓我們知道了形象的重要性，而第一印象更是尤為重要。林肯所說的面貌就是指我們的形象。懂得經營自我形

象、自我風格,給人良好第一印象的人,並非做作,而是懂得尊重他人,也尊重自己在社會中所扮演的角色。這樣的人,不僅討人喜歡,也比較容易成功。

也許很多人仍然認為,形象僅僅是針對自己的容貌,其實不是的。說起形象,它所包含的內容太多了,它包括你的穿著、言行、舉止、修養、生活方式、知識層次等等。它們在清楚地為你下著定義,無聲地講述著你的故事——你是誰、你的社會地位、你如何生活、你是否有發展前途……。

首先,形象的好壞大多取決於我們的打扮。一個人穿衣的風格,就像是商品上的標籤。在沒有進行具體的了解前,人們往往都是透過一個人的穿衣打扮來認識一個人。所以說,你自身形象的塑造和傳播,衣著是很重要的媒介。

第一印象是主觀而不講理的,不修邊幅雖然屬於個人的私事,但是對於一個不了解你陌生人來說,過分的隨便只能給對方留下一個邋遢的第一印象。在公司中,你不妨參照你上司的的品味打扮自己,當你的上司發現你和他的品味相同時,自然會和你有一種親近感,從而拉近你們的距離。

當然衣著固為重要,但形象也不是一個簡單的穿搭的問題,而是一個綜合全面素養、外在與內在結合的、一個在流動中的印象。

想在第一印象中就決定你的成敗,同時也要十分注意你的一言一行。站立、步行、端坐,雖然都是單純的動作,但是到了別人的眼中,就成了你素養、教養的外在表現。

有的人站的筆直,走得雄偉,又能坐的端正,這樣的人給人的印象一定不一般。不管是從事什麼職業,都會讓人對他另眼相看。有的人總是一副萎靡的樣子,坐沒坐樣,站沒站樣,這樣的人就算是有不錯的成就,別人也不能一眼就看出。

● 穿出價值百萬的職業形象

公司裡，你所做的一些動作不僅僅是代表你自己，更代表著一個公司的形象。試想一下，如果你是一個老闆，你願意看見你的員工整個人都懶散地半躺在椅子上辦公嗎？如果你是人事部主任，你願意招聘一個走路都要跳著舞步的人來你的公司上班嗎？此種看起來微不足道的動作，在你職場裡往往是你制勝的法寶。

另外，除了衣著和動作這兩個比較重要的因素之外，不要忘記了給你打上一個「快樂」的標籤。這個標籤就是你的笑容。當你第一眼看到一個雙手抱胸，面無表情的人站在你面前的時候，你一定認為他是一個不容易接觸的人。同樣的，換做是你，一定也不能給別人留下一個好印象。

所以要經常保持微笑。微笑能給人安心的感覺，心理學認為「微笑」是「接納、親切」的象徵，也就是說當你微笑時，等於告訴對方「我喜歡你」、「我對你沒有敵意」。只要你常微笑地看著對方，就能消除對方的警戒心，贏得對方的好感。

無論如何，第一印象的好壞絕對影響一個人在職場中的成敗。因此，除了少數例外狀況能夠以第二印象挽回形象劣勢外，絕大多數人的成敗在與雙方見面時的「第一印象」上。而一個人長期向社會所傳遞的「第一印象」，將會影響其一生的成敗。

【職場點兵】

當你外表邋遢時，別人注意的就是你的穿著打扮和行為舉止；當你外表無懈可擊時，別人注意的就是你這個人了。記住，你給別人的第一印象，是名片、是品牌、是機會。

▉ 讓全世界認同你的著裝

　　一個人成功與否，往往從他的衣著打扮上就能猜出八九分。穿著，絕對可以表現出成功者的風範。而作為一個普通的人，想要在職場中嶄露頭角，首先就要在穿著上展現出成功者的風範。什麼樣的衣著決定什麼樣的性格，穿著整潔得體展現出優雅從容的風度，而衣衫襤褸、衣冠不整讓人感覺齷齪、猥瑣和局促不安，缺乏尊嚴和莊重感。

　　一位企業家這樣說道：

　　「在商界，企業家最初的合作看什麼？ 其實很大程度上看衣著。又一次，我想開發一種新的產品，一位朋友給我介紹了一個合作夥伴。見面的那天，他穿著西裝，裡面沒穿襯衫，只穿了一件圓領衫，手裡拎著一個手機。我當時看著就彆扭。你想想，他穿了見圓領衫來配西裝，還拎著手機，典型的暴發戶形象。我當時就決定不與他合作。朋友說，他真的很有錢，而你正缺錢。我說：『我缺錢不假，可是合作夥伴這個人才是主要的。他出錢，就要參與，要管理，要與我共同決策，他的水準直接影響到我的生意，所以我不選擇他。』」

　　也許我們會覺得這個企業家的話太絕對，但是無論如何，衣著得體是有益無害的。莎士比亞說：「衣裝是人的門面。」這一說法得到了全世界的認可。剛開始看來，僅憑衣著去判斷一個人是膚淺了點。但事實證明：衣著的確是衡量穿衣人的品味和自尊感的一個標準。

　　渴望成功的人一定要像選擇伴侶一樣謹慎地選擇衣裝。成功者要展現

第十一章
● 穿出價值百萬的職業形象

出自己的風範，尚未成功者要穿出成功者的風範。大多數不成功的人之所以失敗，是因為他們看起來就不像成功者，或者他們根本就不想成功，再者他們不知道怎樣成功，當機會來臨的時候他們不知道如何把握。

喬恩·莫利先生是美國著名的形象設計大師，他曾做過一個著裝實驗。著裝實驗的目的是要搞清楚：按照社會中上層人士的習慣著裝，或按照社會中下層人士的習慣著裝，人們將如何看待他們的成功率，將如何與他們相處共事。

著裝實驗是分下面兩部分進行的：

首先，他調查了 1,632 個人，給他們看同一個人的兩張照片。但他故意宣稱，這不是同一個人，而是一對攣生兄弟。其中一個穿著社會中上層人士常穿的卡其色風衣，另一個穿著社會中下層人士常穿的黑色風衣。他問調查對象，他們之中誰是成功者？結果 87% 的人認為穿卡其色風衣的人是個成功者，只有 13% 的人認為穿黑色風衣的人是個成功者。

另外，他挑選 100 個 25 歲左右的年輕大學畢業生，都出身美國中部中層家庭。他讓其中的 50 個按照中上層人士的標準著裝，讓另外 50 個按照中下層人士的標準著裝。然後把他們分別送到 100 個公司的辦公室，聲稱是新上任的公司經理助理，進而檢驗祕書們對他們的合作態度。他讓這些新上任的助理給祕書下達同樣的指令：「小姐，請把這些檔案給我找出來，送到我的辦公室。」說完後扭頭就走，不給祕書對話的機會。

結果發現，按照中下層人士標準著裝的，只有 12 個人得到了檔案，而按照中上層人士標準著裝的，卻有 42 個人得到了檔案。顯然，祕書們更聽從那些比照中上層人士標準著裝的人的指令，並較好地與他們配合。

這兩個實驗明白地像我們展示了一個事實，從很大程度上，穿著就是

身分的象徵。你的著裝是否符合社會文明的標準，能影響到別人對自己的態度、可信度和配合程度，甚至能影響到求職的成功。一家就業網站對243家企業的人力資源主管進行了問卷調查：「在公司進行面試的過程中，由於求職者的穿著原因而被錄取或面試沒過的比例是多少？」回答的結果是：「有66.7%的人是因穿著而被錄取或面試沒過。」他們認為，穿著不僅反映了求職者的外表，而且可以反映這個人的素養。

在當今的社會上，90%的人都是以貌取人的，包括我們自己也是如此。我們做不到為別人看相，但是我們可以做到讓自己看起來像。不管現在成功與否，都要讓自己看起來像是成功的。一個成功者的形象，給人的印象是自信、尊嚴、力量、能力，他不僅反映在別人的視覺效果中，也時刻提醒自己舉手投足之間都要顯示出成功者的風範。

有句話說得好，人靠衣裝馬靠鞍，遠敬衣裳近敬人。儘管從本質上說，一個人的衣著沒有整體素養重要，但衣著畢竟是整體素養的重要組成部分，因此，著裝的好壞有時甚至能產生決定成敗的作用。為成功而著裝，是一句非常現實與有益的提示。

【職場點兵】

職場上，大多數人都是本能地以外表來判斷、衡量一個人的身分和地位，進而決定自己對一個人的態度。你能否成功，很大程度上取決於你是否能為自己的成功著裝。

■ 氣質：你的另一個形象代言人

如果說衣著展現的是你的外在形象，那麼氣質表現的就是你的內在形象。通常，看一個人的形象首先是看外在上的，所以說依靠外在形象取勝是一種高效而又快捷的方法。但是，這個方法的實效性很短。如果沒有內在的氣質與外在的形象相匹配，幾個回合後，你就「露餡」了。

一個完美的形象，它會在每一個人的心中萌芽，依靠外在的資訊生長，繼而透過言行舉止表現出來。名牌的時裝可以讓你短暫的吸引住別人的目光，但是卻不能夠長時間的偽裝端莊典雅的氣質，古時候，東施效顰的故事講的就是這個道理。

西施是古代四大美女之一，傳說中她有著沉魚落雁的美貌。西施有胸口痛的問題，犯病時，她總是用手搗著胸口走路。人們都說，西施就算是生病了，也美似天人。這樣的話被另外名為東施一個女子聽到，她生來就長相醜陋，聽到別人誇讚西施，就效仿西施搗著胸口走路的樣子。人們看見了，覺得她比以前更醜了。

西施的美貌更多的源自於她的氣質，而東施身上沒有這種氣質，一味的模仿，只會讓自己的形象更加失敗。愛因斯坦長著一張醜陋的臉，但是卻並不妨礙他在人們心中偉大的形象。就是因為內在的形象是有無窮魅力的，它比外在的形象更長久。這就要求，我們在塑造自身的形象時，外在是一方面，內在也是很重要的一方面。

內在的形象就是指人的氣質。氣質是一個人在心理活動的速度、強

度、穩定性和靈活性等方面表現出來的個性心裡特徵，是人的內心世界和性格的外顯。氣質是內在而充實的，它能使人外表的美更具有內涵而不顯空洞乏味。最終它會透過人的行為舉止，交流談話上展現出來。

氣質的培養不是一朝一夕的事情，需要經過歲月的累計和生活閱歷的歷練。就像兩棵樹，只有經歷過風吹雨打，吸取了足夠的精華，才能結出甘甜的果實。

果園中有兩棵果樹。其中一株想快點開花結果，第二年開花後就開始結果。老農看了十分歡喜，可是沒想到，這株果樹的果實非常難吃，又苦又澀。因為它太過於心急，都沒有發育成熟。無奈，老農只好把它砍掉了。

另外一株果樹任由自己順其自然的生長，拚命地汲取土地中的養分，充實自己。幾年過去了，這株果樹終於結果了，果實大而鮮美。經過老農的細心栽培，這株果樹最終成為了良種。

事情的發展都需要一個過程，氣質的培養也是如此。它離不開環境的薰陶和磨練。它的培養是一種常態，而不是一時的短暫追求。以下幾點，可以讓身在職場的朋友們當作參照：

1. 誠信

（1）不要使用不道德的手段；

（2）不要耍小聰明；

（3）做不到事情不要輕易承諾，許下了，就要做到；

（4）不要喊一些虛假的口號；

（5）對於別人「不誠信」要有採用的措施；

（6）做一個言而有信，勇於承擔的人。

2. 膽識

（1）對於已經決定的事情，就不要輕易的反悔；

（2）不要經常使用不自信的詞語；

（3）在整體氣氛都十分低潮的情況下，你要保持樂觀、向上的心態；

（4）在眾人都爭執不休的時候，不要沒有主見；

（5）遇到困難的時候不要鑽牛角尖，換個思維，當事情結束的時候要乾淨俐落；

（6）做任何事情都要用心，因為有人在看著你。

3. 沉穩

（1）不要把自己的情緒隨意的展現出來；

（2）不要逢人就訴說你的困難和遭遇；

（3）講話和走路的時候不要有任何慌張；

（4）詢問別人的意見時，要自己先思考，但不要先講出來；

（5）對於重要的決定，最好和別人商量一下，然後隔天再宣布；

（6）要掩飾不滿的情緒，不要有機會就表現出來

4. 細心

（1）留意身邊發生的事情，常常思考他們之間的因果關係；

（2）不管做什麼事情都要養成有條不紊和井然有序的習慣；

（3）經常找幾個別人看不到的毛病和缺點；

（4）自己要隨時隨地對自己不足的地方進行彌補；

（5）對已經習以為常的做法要有改進和進步的建議；

（6）對自己做不到的事情要總結做不到的根本所在。

5. 大度

(1) 不要可以把有可能的夥伴變成對手；

(2) 在金錢方面要大方；

(3) 不要有權利的傲慢和知識的偏見；

(4) 當有必要有人做出犧牲和奉獻的時候，自己走在前面；

(5) 任何成就和成果都應該與他人分享；

(6) 對於別人的小過失和小錯誤不要斤斤計較。

如果胸無點墨，那用再華麗的衣服裝飾，這人也是毫無氣質可言的，反而給別人膚淺的感覺。所以，如果想要提升自己的氣質，做到氣質出眾，除了穿著得體、說話有分寸之外，就要不斷提高自己的知識、品德修養，不斷豐富自己。

【職場點兵】

一個人的氣質是他在職場中的利器，是一個人最大的一筆無形財富，是獨一無二的。形成了自己的氣質，就相當於擁有了自己的品牌。

■ 讓別人品嘗你笑容的味道

　　一個過人的形象不僅僅是穿著得體，相貌突出或是舉止優雅，還有一個很重要的因素就笑容。一個長相並不美麗的女孩，如果對你露出真誠而甜美的笑容時，你也會覺得她就算不漂亮，也很可愛。

　　微笑是一種令人感覺愉快的面部表情，它可以縮短人與人之間的心理距離，常常被人們比作是人際交流的潤滑劑。尤其是你在服務行業時，微笑更是不可缺少的。

　　如果說外表反映的是你的外在形象，那麼笑容是你外在形象最好的「裝飾品」，就相當於一件華麗的晚禮服和珍珠項鍊的搭配。當你具備了良好的外部形象時，你下一步需要做的就是給自己打造一張迷人的笑臉。

　　威廉·懷拉是美國壽險的推銷高手，他的年收入高達百萬。他成功的祕訣就在於他有一張迷人的笑臉作為自己獨特的形象，讓所有的顧客都無法拒絕。

　　威廉原來是一名家喻戶曉的職業棒球明星球員，40歲時候因體力不支而被迫退休。為了生計，他到一家保險公司去應徵公司推銷員，開始他還以為以自己的知名度應該會被錄取，沒想到的是他驚人被拒絕了。原因是保險公司的推銷員必須有一張迷人的笑臉，而威廉沒有。

　　這一次的碰壁並沒有讓威廉氣餒，他決定苦練笑容。從那以後，每天威廉的家裡都會傳出高達百次的笑聲。鄰居聽到了，還以為威廉因為事業，而精神受了刺激。為了避免鄰居的誤會，威廉乾脆躲到自家的廁所裡練習笑容。

　　經過一段時間的笑容，威廉去見保險公司的經理。可是那位經理說：「還是不行。」第二次的失敗，威廉仍然沒有放棄，他收集了許多公眾人物迷人笑臉的照片，對著鏡子反覆練習。為了方便還買了一面大鏡子放在廁所裡，然後每天進去大笑三次。

　　時間一點點地過去，威廉一直沒有放棄。直到有一天，威廉很自然地笑著和管理員打招呼，管理員對他說：「威廉先生，你看起來和過去不太一樣了。」這句話增加了威廉的信心。當威廉再一次來到保險公司時，經理終於說他的笑容有點味道了。

　　正是靠了這張笑臉，威廉才獲得自己在保險界的成功，不得不說，這確實是一張價值百萬的笑臉。在職場上，有些人想要維護自己的形象，刻意地只拿自己最好的一面給別人看，那樣反而顯得做作和矯情。其實沒有什麼比自然更讓人舒服的，真誠而自然的笑容能夠讓人如沐春風。

　　所以微笑不是一種偽裝，不能只是單純地在臉上露出來，這樣的笑容不但不能給別人留下好的印象，反而會招來別人的反感。微笑應當是發自內心的深處，誠摯而真實。

　　在我們的工作中，每天都要接觸形形色色的人，面對他們，除了我們自身的所擁有的外貌和我們附加給自己的裝束外，更能打動人心的是我們的笑容。外在形象再好，給人留下再好的印象，也不過是 60 分，然而當你具備了完美的笑容時，你就可以給別人留下一個滿分的印象了。

● **穿出價值百萬的職業形象**

　　因此，你可以不是業績最優秀的，也可以不是最用功的，但是你一定要是最會微笑的。用微笑來為自己打造一個完美的形象。

【職場點兵】

　　如果說形象是一個人名片，那麼微笑則是名片上你自己的名字。無論你的工作有多忙，多麼不順利，都請記住，要時刻保持微笑。

■ 西裝、襯衫和領帶助你擁有意外收穫

很多男士認為，注重儀表只是女人的必修課。殊不知，男人要維護一個好的形象更為重要。

一個人平日恃才傲物，生活懶散，常常衣冠不整，滿臉鬍渣，一副窮困潦倒的樣子。老闆見他一副「犀利哥」的風範，幾次想辭退他，但又愛惜人才，才沒有下殺手鐧。不過後來，他認識了一個紅顏知己。從此西裝筆直，皮鞋光鮮，待人接物風度有加。還替公司賺了幾個大單子。老闆心中高興，升遷加薪自然不在話下。

這說明了一個好的儀表，往往能令你的上司更加賞識你。在公司裡，別人在判斷一個人的時候，不光看才華，還看衣裳。對於男士來說，穿著不僅是人們職業生涯的一種道具，更是通向成功之路的一張名片。男人穿衣服不像女人那樣花樣繁多，但越是簡單，想要出眾就是越是困難。

職業男士在一些正式隆重的場合，穿西裝是通常是最好的選擇。西裝是西方人的正統服飾，它最講究和襯衫、領帶的搭配，因此穿西裝，一定要搭配巧妙得當。否則，不但不能錦上添花，還會畫蛇添足，有損自己的形象。

西裝、襯衫和領帶的搭配其實很簡單，這裡有五種基本的搭配方法，可以供你參考：

穿黑色、棕色的西服，適合配戴銀灰色、乳白色、藍色、白紅條紋或藍黑條紋的領帶，這樣會顯得更加莊重大方。

● **穿出價值百萬的職業形象**

穿深藍、墨綠色西服，適合佩帶橙黃、乳白、淺藍、玫瑰色的領帶，如此穿戴會給人一種深沉的美感。

穿銀灰、乳白色西服，適合配戴大紅、朱紅、墨綠、海藍、褐黑色的領帶，會給人瀟灑的感覺。

穿紅色、紫紅色西服，適合配戴乳白、乳黃、銀灰、湖藍、翠綠色的領帶，可以現實出一種獨有的氣質。

穿褐色、深綠色西服，適宜配戴天藍、乳黃、橙黃色的領帶，會顯示出與眾不同的風度。

當你的衣著打扮已經達到得體的情況下，你可以試著向優雅的方面的發展。因為你的形象往往會關係著公司的形象，你的個人形象越好，客戶見到你時，會覺得你的公司實力越雄厚。那麼怎樣在清一色的西裝襯衫中顯示出自己呢？細節常常是決定勝敗的關鍵所在。

下重本買一套好的西裝是必不可少的，之後就可以把注意力放在襯衫及領帶上。執著白襯衫的男士可以在領帶及袖口等小飾物上搞點新意。領帶建議至少有 6 條不同以上的，每天要換一條。而且每一條領帶要盡可能地搭配所有的襯衫。選擇襯衫和領帶時，一定要選一些眾所周知的品牌，保證有兩件優質的物品，讓人一看就知道它們的價值。

如果經濟條件不允許的話，就要選一些質地優秀的，即使價格便宜，也能讓人感覺很貴的那種。剩下的就是一點非常小的細節了，像是穿西裝時不要穿白色的襪子，袖扣要正確佩戴等。

打造完好的個人形象不是成功後才去經營的事情，而是走向成功的必須。世上的成功者，一部分來自機遇的眷顧，大部分來自於不懈的奮鬥。不懈奮鬥中的一條，必是維持良好的個人形象。只有當個人形象做好了，

他才能贏得上層人士的賞識，贏得下層人士的信任，才能集結自己的力量，一步步走向成功。

　　西裝，能使一個男人變的文雅，知性和自信！可以讓一個男人顯示出成熟、穩重的氣質，還會讓整個人看上去很氣派。而這些氣質是在職場中不可缺少的。

※ 職場便利貼 —— 你的形象值多少分？

1. 在奶茶店，你會選擇下面哪個口味的奶茶？

   草莓味 → 2

   香蕉味 → 3

2. 你喜歡藍色的衣服勝於喜歡紅色的衣服嗎？

   是的 → 4

   不一定 → 3

3. 當你抬頭看天空時，天空飄來了幾朵雲，你覺得會是什麼雲呢？

   積雨雲 → 5

   卷積雲 → 6

4. 你在街上走著，這時過來一個小孩子，她給了你一個糖果，你覺得

   會是什麼糖果呢？

   棒棒糖 → 3

   水果糖 → 5

5. 除了康乃馨，你覺得還有什麼花最適合用來代替送給母親呢？

   海芋 → 7

   玫瑰 → 6

6. 你喜歡藍色的毛巾勝於喜歡黃色的毛巾嗎？

   是的 → 7

   不一定 → 8

7. 在一場賽車比賽中，兩輛車在爭奪第一名，你覺得下面哪輛會獲得
    第一名？

    銀色 → 8

    紅色 → 10

8. 傳說有一種東西能夠讓人長生不老，你覺得是下面哪個呢？

    仙泉水 → 9

    人參果 → 11

9. 你喜歡看老電影還是新電影？

    老電影 → 11

    新電影 → 12

10. 你覺得綠色象徵著希望嗎？

    是的 → 9

    不一定 → 11

11. 你覺得你性感嗎？

    是的 → 12

    不是 → 13

12. 你會選擇下面哪種許願方式？

    向流星許願 → 14

    漂流瓶 → 15

13. 你喜歡白雪公主還是灰姑娘？

    白雪公主 → 12

    灰姑娘 → 14

14. 你喜歡和戀人一起拍甜蜜合照的嗎？

是的 → 15

不一定 → 16

15. 吃飯的時候，如果碗裡有你不喜歡的菜，你會把它一一挑出來嗎？

是的 → 19

不會 → 17

16. 憑直覺，你會覺得下面哪個女生最有可能有偷竊的毛病？

愛慕虛榮的 → 15

家裡貧困的 → 17

17. 你常常更換自己通訊軟體或者社群軟體的簽名嗎？

是的 → 24

不常 → 18

18. 你拍大頭貼時，比較喜歡下面哪個景物作為背景？

繁華的都市 → 22

江南水鄉 → 23

19. 看到商場打折，你就會情不自禁瘋狂血拼嗎？

是的 → 26

看情況 → 20

20. 假如你是一位家庭主婦，你會選擇參加什麼課程？

拉丁舞課程 → 21

插花課程 → 25

答案

21 衣品評分：7.5 分

你比較喜歡鮮豔的顏色，所以你的形象給人一種充滿活力，而且活潑的印象。但是，你偶爾會不自覺地將過多的裝飾物掛在身上，因為你覺得每一個裝飾物你都很喜歡，你都想將它們全戴上。所以建議你平日打扮可以稍微爽朗些，簡單其實也是一種美。

22 衣品評分：9 分

你比較有經濟頭腦，不會追求過高的物質消費，一般只會挑選在可負擔範圍內最好的東西，而且你天生對色彩搭配獨具敏銳觸覺。因為你平常充滿自信且會不自主流露出優雅的氣質，生活中處處可見你與生俱來的高雅格調的裝飾，從房間到小配飾。可以說，你的穿衣哲學和生活哲學一樣，很值得人學習，你只要繼續保持你這個風格就好了。

23 衣品評分：8 分

也許是因為你的個性比較豁達，對於穿衣這件事情沒什麼特別的要求。有時會因為情況緊急去買衣服，所以你的決定總是很果斷的。你喜歡的衣服大多數都是一個類型一個風格一個顏色的，所以你會不自主就收集下了大批風格欠缺獨特的衣服。你目前最需要改變的就是轉換適合自己的風格，給人眼前一亮的感覺，例如說把中性風格轉變為性感小女人類型。

24 衣品評分：8.5 分

你比較鍾情於粉色系列，你能夠把這種年輕的色彩穿得頭頭是道，但是你一直熱衷於這種可愛的打扮，時間長了也會讓人感覺到審美疲勞。其實，你有時可以嘗試其他感覺的服裝，獨特而經典的黑與白的組合，它能帶出你獨立果斷剛強的一面，又或者是嘗試一下鮮豔明亮的顏色，可以顯示出充滿動感活力的一面。

25 衣品評分：8.5 分

你的時裝品味如大海波濤，常有大起大落。你常常以自己的感覺為主，旁人的目光怎樣都不會干擾到你的穿衣品味。你常常傾心於名牌服裝，並且會一如既往的支持著特定的幾個牌子，並在這些牌子裡挑選自己喜歡的衣服來自由搭配，將不同品牌、風格的服飾自由配搭是你的強項，請盡情發揮你的混搭和搭配的能力吧。

26 衣品評分：8 分

可以說你精心的打扮多數是為了贏取別人讚賞的目光。你喜歡經典的設計與剪裁，這種打扮通常都顯示出你的品味同時也能夠讓你看來神采飛揚。但是你常常有即興的購買欲，在服裝店華麗的燈光下，你很容易因為一時衝動而買下這件衣服，但是這件衣服過後極有可能會長久地待在衣櫥最底層，所以請你在買衣服前多多三思。

尾言

職場中，除了具備這 11 條以外，還有一些是你可能會用到的。

職場人士戒律 13 條

國外一個著名企業老闆，針對職場人士歸納出 13 條戒律，分別以一種動物或物體比喻。

沒有創意的鸚鵡：只做固定的工作，不斷模仿他人，不求自我創新、自我突破，認為多做多錯、少做少錯。

無法與人合作的荒野之狼：無視他人的意見，只顧自做自的工作，離群自居。

缺乏適應力的恐龍：對環境無法適應，一有變動就顯得不知所措，受不了職位調動或輪調等工作改變。

浪費金錢的流水：成本意識很差，常常無限制任意申報交際費、交通費等，不注重生產效率。

不願溝通的貝類：有了問題不願直接溝通，總是緊閉著嘴巴，任由情勢壞下去，顯得很沒有誠意。

不注重資訊彙集的白紙：對外界不敏銳，不肯思考、判斷、分析，懶得理會「知己知彼，百戰百勝」這句名言。

沒有禮貌的海盜：不守時，常常遲到早退，講話帶刺，不尊重他人，服裝不整，做事散漫，根本不在乎他人。

缺少人緣的孤猿：嫉妒他人，不願意向他人學習，所以在需要幫助時沒人肯伸手援助。

沒有知識的小孩：對社會問題及趨勢不關心，不肯充實專業知識，很少閱讀專業書籍及參加各種活動。

不重視健康的幽靈：不注重休閒活動，只知道一天到晚工作，常常悶悶不樂，工作情緒低落，自覺壓力太大。

過於慎重消極的岩石：不會主動工作，因此很難掌握機會，對事情悲觀，對周圍事物不關心。

失去平衡的空中風箏：缺乏多樣化的觀點，不肯接納別人的意見，單一角度想事情，視野狹小，剛愎自用。

自我設限的家畜：不肯追求成長、突破自己，抱著「努力也沒用，薪水夠用就好」的心態，人家給什麼就接受什麼。

員工與上司相處的 9 個準則

每一個人都有一個直接影響他事業、健康和情緒的上司。與你的上司和睦相處，對你的身心、前途都有極大的影響。以下 9 條準則可供參考：

第一，學會傾聽。我們與上司交談時，往往是緊張地注意著他對自己的態度是褒還是貶，想著自己應該做出的反應，而沒有真正聽清上司所談的問題，所以不能理解他的話裡蘊含的暗示。

當上司講話的時候，要排除一切使你緊張的意念，專心聆聽。眼睛注視著他，不要眼神呆目地埋著頭，必要時作一點紀錄。他講完以後，你可以稍微思考片刻，也可以問一兩個問題，真正弄懂意圖。然後概括一下上

司的談話內容，表示你已經明白了他的意見。切記，上司不喜歡那種思維遲鈍、需要反覆叮囑的人。

第二，辦事簡潔。時間就是生命，是管理者最寶貴的財富。辦事簡潔有利，是工作人員的基本素養。簡潔，就是有所選擇、直截了當，十分清晰地向上司報告。

記錄在備忘錄是個好辦法。使上司在較短時間內，明白你報告的全部內容。如果必須提交一份詳細報告，那最好就在文章前面整理一個內容提要。有影響的報告不僅反映你的寫作水準，還反映你的思考能力，故動筆之前必須深思熟慮。

第三，講究戰術。如果你要提出一個方案，就要認真地整理你的論據和理由，盡可能擺出它的優勢，使上司容易接受。

如果能提出多種方案讓他選擇，更是一個好辦法。你可以舉出各種方案的利弊，讓他權衡。

不要直接否定上司提出的建議。他可能從某種角度看問題，看到某些可取之處，也可能不會徵求你的意見。如果你認為不適合，最好用提問的方式，表示你的異議。如果你的觀點基於某些他不知道的資料或情況，效果將會更好。

別怕告訴上司壞消息，當然要注意時間、地點、場合、方法。願意優雅地向上級告訴「國王沒穿衣服」的下屬，最終會比只獻媚使上級做出愚蠢決策的下屬的境遇好更多。

第四，解決好自我問題。沒有比無法解決自己職責分內問題的職員更使老闆浪費時間了。解決好自己面臨的困難，有助於提高你的工作技能、打開工作的局面，同時也會提高你在上司心目中的地位。

第五，維護上司的形象。良好的形象是上司經營管理的核心和靈魂。你應該要常向他介紹新的資訊，讓他能夠掌握自己工作領域的動態和現狀。不過，這一切應在開會之前向他匯報，讓他在會議上說出來，而不是由你在開會時大聲炫耀。

當你上司形象好的時候，你的形象也就好了。

第六，工作積極。成功的領導者希望下屬和他一樣，都是樂觀主義者。有經驗的下屬很少使用「困難」、「危機」、「挫折」等術語，他把困難的境況稱為「挑戰」，並制定出計畫以切實的行動迎接挑戰。

在上司面前提及你的同事時，要著重在他們的優點，而不是缺點。否則將會影響你在人際關係方面的聲譽。

第七，誠實守信。只要你的優點超過缺點，上司是會容忍你的。他們最討厭的是不可靠，沒有信譽。如果你承諾的一項工作沒有兌現，他就會懷疑你是否能守信用。如果工作中你真的無法勝任時，要盡快向他說明。雖然他會有暫時的不悅，但是要比到最後失望時產生的不滿好一點。

第八，了解你的上司。對上司的背景、工作習慣、奮鬥目標及他喜歡什麼、討厭什麼等等瞭若指掌，當然對你有好處。如果他喜歡運動，那麼在他所在的運動隊剛剛輸了之後，你去請求他解決重要問題，那就是失策。一個精明能幹的上司欣賞的是能深刻地了解他，並知道他的願望和情緒的下屬。

要審慎考慮問題。如果你的上司沒有大學畢業，你也許會以為他是忌妒你的碩士學位，但事實上，他也許會為自己有一個碩士當下屬而驕傲。

第九，保持適度關係。你與上司的地位是不同的，這一點你心中要有數。不要讓關係過度緊密，以致捲入他的私人生活之中。過分親密的關

係，容易使他感到互相平等，這是冒險的舉動。因為不同尋常的關係，會讓上司過分地要求你，也會導致同事們的不信任，可能還有人暗中與你作對。任何把自己的地位建立在與上司親密關係上的人，都像是把自己攤在沙灘上一樣。

與上司保持良好的關係，是與你富有創造性、富有成效的工作相一致的，你能盡職盡責，就是為上司做了最好的事情。

比爾蓋茲眼中優秀員工的 11 個準則

第一，對自己所在公司或部門的產品具有起碼的好奇心。你必須親自使用該產品。

第二，在與你的客戶交流如何使用產品時，你需要以極大的興趣和傳道士般的熱情和執著打動客戶，了解他們欣賞什麼，不喜歡什麼。

第三，當你了解了客戶的需求之後，你必須樂於思考如何讓產品更貼近並說明客戶。

前面提到的三點是緊密相連的。成功取決於你對產品、技術和客戶需求的了解與關注。

第四，作為一個獨立的員工，你必須與公司制定的長期計畫保持步調一致。員工需要關注其終身的努力方向，像是提高自身及同事的能力。這種自發的動機是需要培訓的，同時也是值得花精力去考慮的。

當然，管理手段也可激發主觀能動性。如果你做產品銷售，銷售指標的完成是檢驗工作表現的一個重要手段。完成指標對銷售人員來說，是一件多麼興奮的事啊！但是，若完成銷售目標和最大幅度地提高下月獎金及薪

水是你唯一的工作動力，你也許會慢慢脫離團隊，並錯失成功發展的良機。

第五，在對周圍事物具有高度洞察力的同時，你必須掌握某種專業知識和技能。

第六，你必須能非常靈活地利用那些有利於你發展的機會。

在微軟，我們透過一系列方法為每一個人提供許多不同的工作機會。任何熱衷參與微軟管理的員工，都將被鼓勵在不同客戶服務部門工作。即使有時這對微軟意味著增加分支機構或調去別國工作。

第七，一個好的員工會盡量去學習了解公司業務運作的經濟原理，為什麼公司的業務會這樣運作？公司的業務模式是什麼？如何才能盈利？

第八，好的員工應關注競爭對手的動態。我更欣賞那些隨時注意整個市場動態的員工，他們會分析我們的競爭對手的可借鑑之處，並注意總結，避免重犯競爭對手的錯誤。

第九，好的員工善於動腦子分析問題，但並不局限於分析。他們知道如何尋找潛在的平衡點，如何尋找最佳的行動時機。思考還要與實踐相結合。好的員工會合理、高效地利用時間，並會為其他部門清楚地提出建議。

第十，不要忽略了一些必須具備的美德，如誠實、有道德和刻苦。

名家的忠告

1 美國電話電報公司董事長奧爾森：不要做犬儒

詹姆斯·奧爾森曾任美國電話電報公司董事長。下面是 1987 年他在美國一所大學畢業典禮上的演講，告誡青年人要勇於冒險，勇於創造，曾經廣為流傳。

女士們、先生們：

早上好！

在我看來，畢業典禮象徵著一個受教育的開始，而不是結束。對此，我深信不疑。

畢業典禮中通常講的主題是：四年中你學到了什麼。你加深了對周遭世界的認知：對過去的認知，預測未來的發展和可能。

還有，你對自身也有所了解：認識到自律的價值，認識到制定目標和實現既定目標的價值。還學會了研究、分析、學習和交際的方法。這對你未來的發展會有很大的影響。對此我也深信不疑。

最後一點，演說者還不只一次地要求畢業生，不僅要面對爭取個人成功的挑戰，而且要面對為了把家庭、把國家轉變成一個更美好的世界的挑戰。梭羅曾經說：不僅追求美好，而且為某種目標追求美好。我非常贊成這種說法。

請你們注意這些主題，並銘記在心。

但我今天不向再重複這些主題。在主旨演說開始之前，我要督促你們在今天和未來保留某些小時候的思維方式。另外，我還要讚許犯錯誤的必要性和價值。

作為美國電話電報公司的董事長，我主持一個擁有 30 萬人的全球性公司。它是為這一代人和下一代人服務的主要行業之一。我這個行業中需要的人才不是那種對所學到的知識沾沾自喜、充滿自信的人，而是勇於承認無知的人，受到無知驅動的人。

我也廣納那些正在走向成熟的人才。他們不失好奇和熱情，並具有年輕人特有的敏銳 —— 這種敏銳不是來自事物既定的方向。

尾言

持這一觀點的並非只有我一個人，不過這不像茶餘飯後的話題那樣為眾人所議論。所以，請允許我作一些解釋。

先從電話電報公司自己的職員開始。約翰‧皮爾斯是貝爾實驗室一位有名的科學家。因為 1960 年他在通訊衛星方面所做出的貢獻而被許多人譽為「衛星通訊之父」。

皮爾斯說：「知識使人明目，技術使人高效，而意識到無知才使我們充滿活力。」

約翰‧皮爾斯的目標是要更多地去發現自己的無知。他認為我們應該盡可能避免終極智慧，就是絕對的對與錯、好與壞、世界與國家的發展趨勢及其應當發展的趨勢。

在我們的頭腦中 —— 但願不是在學校裡，我們習慣於將理科與人文學科分屬於不同的陣營。但我們這樣做是在冒險，因為在當今的世界裡，我們需要各種思想和觀點結合的協同作用。

你應該是工程師同時又是詩人，是行政人員又能演奏重金屬搖滾樂，是簡報者同時又是發明家……生活的多面手，這才是我們這個時代的典範。

但在商業和個人生活中我們更多的是不敢冒險，總是跟著別人亦步亦趨，遇到困難就退避三舍。

這是我們這個世紀的不幸，因為當今只有變化、不確定與模稜兩可是有價值的。我們現在比任何時候都需要培養靈活性與創造性。

確實，我們需要重燃小時候那種對世界的驚奇與新鮮感，善於接受新思想而不為既定的行為方式所束縛。

畢卡索生前悲嘆少年創造力之被扼殺。他們看待世界的那種獨到而又富有想像力的方式終於為現有知識所束縛，隨著成年而消退。正如他所

說：「每個孩子都是藝術家，問題是一旦長大後怎樣仍不失為藝術家。」

　　這讓我想起一個真實的故事。幼稚園教師讓孩子們為他們的學校畫一幅畫。看孩子們的作業時，他發現一個孩子的畫，無論如何也看不出畫中描摹的是學校哪些建築。

　　幾分鐘後，他忽然明白了，這個孩子畫的是鳥瞰圖。這至少可以說是一種新奇的探索。很幸運，這種方法得到了這位教師的肯定。

　　這個孩子的畫所展示的不僅僅是一所學校，而是所有重大突破所具有的基本特徵 —— 通向新發現的與眾不同的新觀點。

　　如果懷疑變化的持久性和事物的不斷組合，就讓我直接用事例說明變化是怎樣在改變著這個世界的面貌吧！

　　1978 年，豐田和日產在美國的汽車商們不得不動用準備金退還客戶的部分款項，與此同時，福特也在對其 V8 型汽車收取附加費，因此資金周轉不靈。

　　僅一年之後，形勢發生了翻天覆地的變化。克萊斯勒蒙受了 11 億美元的損失，只能請求聯邦貸款保險來避免破產。

　　在我的公司裡，類似的情況出在超導。超導即一定的材料在特定條件下，不僅能導電，而且沒有電阻，所以沒有能量和速度的損失。

　　如果上述理想能實現，那麼利用超導就能創造出如飛機一樣快的火車，如小型太陽一樣的發電廠以及像今天的超微機一樣的個人微機。

　　超導現象在 1911 年首次被發現，但它卻在僻靜的實驗室裡，折騰了將近一個世紀。

　　去年，這個歷經 75 年的科技難題僅用了 75 天就有了突破，讓其由理想轉變為可能。

尾言

就個人而言，我所經歷的最富戲劇性的變化，就是貝爾集團意料之中的解體。

我們的任務就是打算解散這個世界最大的私人集團，將其重組為八個新的公司。

這可不是件輕而易舉的事情，因為貝爾公司擁有 1 百萬名職員；1,500 億美元資產；7 千萬份帳本和 2 億份客戶資料；2 萬 4 千座建築；17 萬輛機動車及一百多年的歷史。

我所聽到的對我們這一任務最好的描述是：就像是試圖在半空中將一架波音 747 客機一個部件一個部件地拆開。

正如一開始所擔心的，強制過戶終於發生了。我相信這一過程足以成為商業學校教材的一部分，但我希望這重要的一課不會被忽視。

這一教訓是，未來沒有定數。它適應於我所注意到的技術領域的變化，市場的變化以及「環球村莊」的出現。

這一個教訓是，一個人不可能走回頭路，他所能依靠的只有恢復力和適應力。

歷史學家芭芭拉·塔奇曼曾說過：「你不能推知人類的觸角會伸到哪裡。歷史從來不會緊跟，而且總是捉弄科學的軌跡。」

一個人可能會嘗試去作有學問的預測，但往往大多都是錯的。不要因犯錯誤而責怪自己。因為在我們的錯誤中也許就孕育著現在未知事物的答案。

因此，不要擔心犯錯誤；真正該擔心的是怕犯錯誤。只有那些膽小鬼 —— 那些唯唯諾諾的人，無遠大抱負而又成績甚微的人才不犯錯誤。

正如美國心理學家愛德華·底博農所說：「要求事情在任何階段任何時

間萬無一失，也許是新思想的最大障礙。」

他引述了馬可尼的經歷：馬可尼提出了向大西洋彼岸發送無線電信號的設想，曾受到專家們的嘲笑。

專家們頭頭是道地論述道，無線電波是沿直線運行，它們將成束地跑向太空而不會沿地球弧線運行。

幸運的是，馬可尼堅持不懈，終於取得了成功。但這是基於錯誤的成功，使傳播成為可能的是那時還鮮為人知的能將電波反射回地球的電離層。

正如底博農所說：「正是透過錯誤，馬可尼才得出結論。如果他始終刻板地堅持邏輯，就永遠不能成功。」

馬可尼的錯誤為我們的通訊開闢了新天地。其發明與亞歷山大·格拉漢姆·貝爾發明的電話一起，為我們展示了看不見的連接世界未來的網路。

貝爾首次用電報捕捉到了這些電波；馬可尼沒用電線就使它們得以傳送。後來，這些電波將在 2 萬 3 千英里高空的衛星與地球間穿梭，或者在一縷縷輕柔的光線上穿行。

這些電波產生了聲音 —— 然後是對話，進而有了影像 —— 出現了電視，以及今天瞬間資訊的大量湧現。

所以我希望諸位換個角度看待錯誤。把錯誤作為一個起點，作為一種激勵，用不同的眼光看待問題。

最後我希望你們堅持樂觀主義的同時融進些懷疑主義。這看來是時代的一種健康的交融。

不要做犬儒，把它留給老一代人吧！凡事要質疑，問個「為什麼」，同時要充分相信自己的觀點，問一下「為什麼不」。「為什麼是……，為

什麼不……」是兩個簡短而深奧的問題。

總之，記住幼稚園的孩子，從鳥瞰看問題。

記住馬可尼及錯誤給予的報償，向電離層努力。

最後，不要因你的知識和成就而沾沾自喜，麻木了思想，要迅速地對無知做出反應和行動。

2 美國第 49、50 屆總統雷根：只要堅持下去……

隆納·雷根，生於 1911 年，是美國第 49 屆、第 50 屆總統。被認為是美國歷史上最偉大的總統之一。他年輕時的一段經歷讓他終生難忘，也教會了他如何面對挫折。

「最好的總會到來。」每當我失意時，我母親就這樣說：「如果你堅持下去，總有一天你會遇到好運。並且你會了解到，要是沒有從前的失望，那是不會發生的。」

母親是對的，1932 年從大學畢業後我發現了這點。我當時決定嘗試在電臺找份工作，然後再設法去做一名體育播音員。我搭了便車去芝加哥，敲開了每一家電臺的門 —— 但每次都碰了一鼻子灰，在一個播音室裡，一位很和氣的女士告訴我，大電臺是不會冒險僱用一名毫無經驗的新手的。「再去試試，找間小電臺，那裡或許會有機會。」她說。我又搭便車回到了伊利諾依州的迪克遜。雖然迪克遜沒有電臺，但我父親說，蒙哥馬利·沃德公司開了一家商店，需要一名當地的運動員去經營它的體育專櫃。由於我在迪克遜中學打過橄欖球，於是我提出了申請。那工作聽起來正適合我，但我仍然沒能如願。

我失望的心情一定是一看便知。「最好的總會到來。」母親提醒我說。父親借車給我，於是我開車行駛了 70 英里來到了特萊城。我試了試愛荷

華州達文波特的 WOC 電臺。節目部主任是位很不錯的蘇格蘭人，名叫彼特‧麥克阿瑟；他告訴我說他們已經僱用了一名播音員。當我離開他的辦公室時，受挫的鬱悶心情一下子發作了。我大聲地問道：「要是不能在電臺工作，又怎麼能當上一名體育播音員呢？」

說話的時候，我正在那裡等電梯，我突然聽到了麥克亞瑟的叫聲：「你剛才說體育什麼來著？你懂橄欖球嗎？」接著他讓我站在一架麥克風前，叫我憑空想像試播一場比賽。

去年秋天，我所在的那個隊在最後 20 秒時以一個 65 碼的猛衝擊敗了對方。在那場比賽中，我打了 15 分鐘。我便嘗試著解說這場比賽。然後，彼特告訴我，我將選播星期六的一場比賽。

在回家的路上，就像從那以後的許多次一樣，我想到了母親的話：「如果你堅持下去，總有一天你會遇到好運。並且你會認識到，要是沒有從前的失望，那是不會發生的。」

3 美國著名企業家卡內基：年輕人要胸懷大志

安德魯‧卡內基（1835 － 1919 年）是美國鋼鐵大王，著名的企業家。下面是他 1885 年 6 月 23 日對柯理商業學院畢業生的演講，他告誡年輕人既要立足基層，又要志存高遠。這篇演講，簡明扼要，含義深刻，被很多美國企業家奉為人生的座右銘。

年輕人應該從頭學起，擔當最基層的職務。這是件好事。匹茲堡有許多大企業家在創業之初都肩負過重任。他們與掃帚結伴，以清掃辦公室度過了企業生涯的最初時光。我注意到，現在的辦公室都配備了清潔人員，這讓我們的年輕人不幸丟掉了這個有益的企業教育的組成部分。不過，如果哪一天早上清潔人員剛好沒來，某個具有未來合夥人氣質的青年就應該

毫不猶豫地拿起掃帚。有一天，一位溺愛孩子的、時髦的密西根母親問一位男青年，是否見過像她的女兒普里西拉那樣的年輕女郎如此瀟灑地在房間裡進行打掃。男青年說從未見過，那位母親高興得樂不可支。但男青年頓了一下，又說：「我想看到的是她能在室外打掃。」如果有必要，新進員工在辦公室進行打掃並沒有什麼損失。我本人就曾是打掃人之一。

假如你們都得到了聘用，而且都有良好的開端，那我對你們的忠告是：「要胸懷大志。」對那些尚未把自己看成是某重要公司的合夥人或領導人的年輕人，我會不屑一顧。你們在思想上一刻都不要滿足於只當任何企業的首席職員、領班或總經理，不管這家企業的規模有多大；你們要對自己說：「我的位置在最高處。」你們要夢寐以求登峰造極。

獲得成功的首要條件和最大祕密，是把精力和資本完全集中於所做的事。一旦開始做哪一行，就要決心闖出名堂，要出類拔萃，要點點滴滴地改進，要採用最好的機器，要盡力了解這一行。

失敗的企業是那些分散了資本，同時也意味著分散了精力的企業。它們向這件事投資，又向那件事投資；在這裡投資，又在那裡投資，方方面面都有投資。「別把所有的雞蛋放入一個籃子」的說法是大錯特錯。我告訴你們，要把所有的雞蛋放入一個籃子，然後管理好這個籃子。注意周圍並留神，能這樣做的人往往不會失敗。管理好那個籃子很容易，但在我們國家，想多提籃子所以打碎雞蛋的人也很多。有三個籃子的人就得把一個籃子頂在頭上，這樣很容易摔倒。美國企業家的一個錯誤就是缺少集中。

我把所說的話歸納如下：要志在頂峰；千萬不要涉足夜店；不要沾酒，即使只在用餐時喝點酒；千萬不可投機；簽署支付的款項千萬不要超過盈餘的現金儲備；取消訂貨的目的永遠在於挽救貨主；集中精力，把所有的

雞蛋放入一個籃子並管理好那個籃子；支出永遠小於收入；最後，不要失去耐心，因為正如愛默生所說，「除了自己以外，沒有人能哄騙你離開最後的成功。」

4《紐約時報》著名記者羅素·貝克：不要半途而廢

很多人的失敗不是由於選擇的錯誤，而是在挫折面前輕易放棄。《紐約時報》著名記者羅素·貝克謹記母親的教導，從此功成名就。

我母親已經不在人世，但是在我心中，她仍然活著，偶爾還會早上天未亮就把我吵醒，跟我說：「如果有什麼是我最不能忍受的，那就是半途而廢。」

我這輩子不知道聽她說過這句話多少次了。就是現在，我躺在被窩裡，在漆黑之中慢慢醒過來，也感覺到她在氣沖沖地教訓我體內的那個懶漢，那個只想重回夢鄉而不想去面對新的一天的人。

我默默地抗議：我已不再是小孩子了，我已取得一些成就，我有權晚一點起床。

「羅素，你跟瘸三沒什麼兩樣，都是不思進取。」

從我還只是個穿短褲小男孩的時候，母親就不斷用這些話來鞭策我。

「做人要有出息！」

「做事千萬不要半途而廢！」

「小夥子，要有點志氣！」

在我的內心世界裡那個滲透世情的我，常常嘲笑那些崇尚實利、熱衷求取功名的人。我讀過一些哲學和批評社會的書，認為把生命花在追逐名利、權利這些東西上都是粗鄙的，完全不值得的。

自從外祖父去世後，母親便沒有好日子過了。外祖父除了債務之外，什麼都沒留下。祖房賣掉了，兒女四散。外祖母染上了致命的肺病，意志

十分消沉，終日想著要自殺，最後終於被送進精神病院。那時母親剛上大學，但在這種情況下，不得不輟學去找工作。

然而，母親結婚了，生了 3 個孩子。5 年後，在 1930 年，父親去世，留下她一貧如洗，只好把小女兒奧迪莉送給人收養。把只有 10 個月大的奧迪莉送給湯姆叔叔和高蒂嬸嬸收養，也許是母親有生以來需要最大勇氣去做的事。湯姆叔叔是父親的弟弟，在鐵路局有份不錯的工作，跟著他奧迪莉算是有好日子過了。

母親帶著我和妹妹前往紐澤西州，去投靠他哥哥艾倫。舅舅好心地收留了我們這 3 個窮親戚。後來，母親在洗衣店找到一份修補雜貨店工作服的工作，週薪 10 美元。

母親當然更希望我長大後能成為總統或富商，可是，她雖然疼愛我，卻不至於這麼不切實際。我小學還沒畢業，她已經看出我不是能賺大錢或贏得萬民擁戴的料，於是開始引導我對文字發生興趣。

她的家族世代書香。從母親的外祖父起，就像是有個文字遺傳因數一代一代地傳下來。外曾祖父是位教師，他的女兒蕾利是個詩人，兒子查理是馬里蘭州巴爾的摩市《先驅報》駐紐約的記者。19 世紀末 20 世紀初的美國南部在內戰之後，生活仍然十分艱苦，文字工作確是一條出路。

母親的表哥艾文就是一個最明顯的例子。他是《紐約時報》的執行編輯，足跡遍及歐洲各國。他證明以文字為媒，真的可以讓一個人無往而不勝。而待在原地的人只能乾瞪著眼，對他既羨慕又忌妒。母親常常以艾文為例，說一個人即使沒有天分，也可以有成就。

「艾文·詹姆士不比別人聰明，但你看看他今天的成就。」母親一次又一次地跟我說。結果我長大之後，就把艾文·詹姆士看成一個只是運氣好

的呆子。也許這真的是母親對艾文的看法，但她的話卻另有深意。她是在告訴我，要做到像艾文那樣並不用很聰明，攀上高峰的方法便是努力、努力、再努力。

母親看到我可能在文字方面有點天分時，便開始多加栽培。我們那時雖然非常貧困，但母親仍然給我訂購了一套《世界文學名著選》，每月寄來一冊。

我很尊重那些偉大的作家，但我讀得最開心的卻是報紙。每天我都貪婪地讀那些五花八門的案件，恐怖的意外，以及發生在遠方戰場上的血腥屠殺，一個字都不放過。描述凶殺犯怎樣死在電椅上的報導往往令我著迷，而且我很留意死囚在最後一餐所點的飯菜。

1947 年，我從約翰·霍普金斯大學畢業，知道巴爾的摩市的《太陽報》在招聘一名採訪罪犯新聞的記者。同時有兩三個同學同時申請這份工作，我不知道他們為什麼挑了我。這份工作的週薪只有 30 美元，我向母親抱怨，說這樣的薪水對一個大學畢業生來說實在是侮辱，但她毫不同情我。

「如果你肯努力工作，」她說，「也許就可以做出點成績來。到時，他們自然會給你增加薪水。」

7 年後，《太陽報》調我去跑白宮新聞。對人部分記者來說，當白宮記者是夢寐以求的事情，而當時我只不過 29 歲，自然得意萬分。我把這個消息告訴我母親，希望見到她喜悅的神情。其實，我應該早就知道結果是怎樣。

「羅素，」她說，「如果你肯努力做白宮記者這份工作，也許就能取得點成就。」母親要我走的路就是不斷努力向上，千萬不要因為小小的成就而自傲。停下來沾沾自喜的人很快便會跌下來。一個人即使已登上頂峰，

也仍要自強不息。

在我從事新聞工作的初期，我經常幼稚地胡思亂想，要向艾文表哥報復。假如有一天我成了一個傑出的記者，得到《紐約時報》的禮聘，而《紐約時報》卻完全不知道我是「偉大的艾文」的親戚，那不是很有趣嗎？假如艾文親自請我進入他的大辦公室，問我：「年輕人，你可不可以自我介紹一下？」那不是更妙不可言嗎？假如我這樣回答：「我就是你的窮親戚露西·伊莉莎白·貝克的獨子。」那是何等痛快的報復啊！

但後來發生的事卻完全不像我胡思亂想的那樣。《紐約時報》真的來找我，不過我到任時，艾文表哥已離職。最後，我甚至得到了美國新聞界最高的榮譽：替《紐約時報》撰寫專欄。

我寫的不是那種報導新聞的專欄，而是作者可以用各種不同文體來議論時事的專欄；可以是散文，可以是諷刺文章、怪論，有時甚至可以是小說。這個專欄證明了當年母親是絕對正確的。要不是她在我小時候就看出了我的長處，引領我進入文學世界，我就不會有這個成就。

我的專欄贏得許多獎項，包括 1979 年的普利茲獎。不過，母親永遠無法知道了，因為在前一年她的腦部發生了大毛病，住進療養院，從此不知不覺，脫離了現實生活。

我只能猜測母親在知道我獲得普利茲獎時的反應。我相信她一定會說：「好極了，小夥子。這證明只要你埋頭苦幹，努力不懈，有一天終會做出點成績來的。」

有個時期，母親所宣揚和我所一直信仰的那些價值觀受到了衝擊。在 1960 年代和 1970 年代，一個人如果承認自己希望有點成就的話，便會被批評是個浪費生命的實利主義者。

起先，我設法追隨這個新的時代潮流。我決定不像我母親當年鞭策我那樣鞭策我的孩子，不迂腐地要求他們有所成就。

　　新時代標榜愛、滿足自我，以及標榜消極地勸人無欲無求的東方哲學。對我來說，這些道理似乎很多都十分荒謬。不過我還是把我那些反潮流的疑惑埋藏起來。

　　但後來，我發現我的孩子竟然一點抱負都沒有，於是我崩潰了。有一次，我們一家人吃晚飯時，我聽到自己在叫罵：「難道你們不想有點成就嗎？」

　　孩子們面面相覷。有點成就？ 從來沒聽說過。我知道他們在想：叫罵的不是爸爸，那不過是他飯前喝的那些馬丁尼酒在作怪罷了。

　　令我大叫大嚷的不是那些酒，而是我的母親。酒只不過令我有勇氣向他們宣布：是的，我一直都相信成功這回事，我一直都相信若不勤奮、自愛就不會有什麼成就，也不配有什麼成就。

　　後來的發展證明了孩子學業成績並不表示他們長大後一定會一事無成，而只是表示他們，當時不肯對成規盲從附和。對於這一點，我的確引以為傲。現在他們都已經長大成人，有兒有女。我們一家人相親相愛，每次相聚時都歡樂無窮。

　　這就是家的意義了。我們承先啟後，把上一代的遺志傳給我們的子女，一代一代的傳下去，使我們的先人雖死猶生。

　　「如果有什麼是我最不能忍受的，羅素，那就是半途而廢。」

　　老天爺，我仍然聽見她說這句話。

隱藏優勢，合作中的競爭法則：

共生的智慧，鍛鍊應變力 × 善用時間 × 注重細節，從 11 個面向深入剖析，每個人都擁有無限潛力

作　　者：崔英勝

發 行 人：黃振庭

出 版 者：財經錢線文化事業有限公司

發 行 者：財經錢線文化事業有限公司

E-mail：sonbookservice@gmail.com

粉 絲 頁：https://www.facebook.com/sonbookss/

網　　址：https://sonbook.net/

地　　址：台北市中正區重慶南路一段六十一號八樓 815
　　　　　室

Rm. 815, 8F., No.61, Sec. 1, Chongqing S. Rd., Zhongzheng
Dist., Taipei City 100, Taiwan

電　　話：(02)2370-3310

傳　　真：(02)2388-1990

印　　刷：京峯數位服務有限公司

律師顧問：廣華律師事務所 張珮琦律師

-版權聲明-

定　　價：375 元

發行日期：2024 年 03 月第一版

◎本書以 POD 印製

國家圖書館出版品預行編目資料

隱藏優勢，合作中的競爭法則：共
生的智慧，鍛鍊應變力 × 善用時
間 × 注重細節，從 11 個面向深入
剖析，每個人都擁有無限潛力 / 崔
英勝 著 . -- 第一版 . -- 臺北市：財
經錢線文化事業有限公司 , 2024.03
面；　公分
POD 版
ISBN 978-957-680-763-3(平裝)
1.CST: 職場成功法
494.35　　113001018

電子書購買

臉書

爽讀 APP

獨家贈品

親愛的讀者歡迎您選購到您喜愛的書，為了感謝您，我們提供了一份禮品，爽讀 app 的電子書無償使用三個月，近萬本書免費提供您享受閱讀的樂趣。

ios 系統　　　　安卓系統　　　　讀者贈品

請先依照自己的手機型號掃描安裝 APP 註冊，再掃描「讀者贈品」，複製優惠碼至 APP 內兌換

優惠碼(兌換期限2025/12/30)
READERKUTRA86NWK

爽讀 APP

📗 多元書種、萬卷書籍，電子書飽讀服務引領閱讀新浪潮！

🎧 AI 語音助您閱讀，萬本好書任您挑選

🔍 領取限時優惠碼，三個月沉浸在書海中

🔔 固定月費無限暢讀，輕鬆打造專屬閱讀時光

不用留下個人資料，只需行動電話認證，不會有任何騷擾或詐騙電話。